Pioniere der Tiefe. Hightech in Patenten

Thomas Heinz Meitinger

Pioniere der Tiefe. Hightech in Patenten

Erkunden und Nutzbarmachen des Meeresbodens, des Erdinneren und der Tiefe des Weltraums

Springer Vieweg

Thomas Heinz Meitinger
Meitinger Patentanwalts GmbH
München, Deutschland

ISBN 978-3-662-72151-3 ISBN 978-3-662-72152-0 (eBook)
https://doi.org/10.1007/978-3-662-72152-0

Die Deutsche Nationalbibliothek verzeichnet diese Publikation in der Deutschen Nationalbibliografie; detaillierte bibliografische Daten sind im Internet über https://portal.dnb.de abrufbar.

Springer Vieweg ist ein Imprint der eingetragenen Gesellschaft Springer-Verlag GmbH, DE und ist ein Teil von Springer Nature.
Die Anschrift der Gesellschaft ist: Heidelberger Platz 3, 14197 Berlin, Germany

Vorwort

Eine Erfindung muss einen Beitrag zur Fortentwicklung der Technologie leisten, um patentfähig zu sein. Simple Weiterentwicklungen, auf die ein Durchschnittsfachmann ohne Weiteres gekommen wäre, sind vom Patentschutz ausgeschlossen. Patente beschreiben immer eine überdurchschnittliche Weiterentwicklung des Stands der Technik.

Es gibt technische Gebiete, die technologisches Neuland darstellen und daher per se erfinderische Lösungen erfordern. Dies gilt insbesondere für schwer zu erreichende und daher weitgehend unerforschte Räume. Der Meeresboden, das Erdinnere und der Weltraum stellen derartige Bereiche dar. Das Buch beschreibt historische und aktuelle Techniken, um die äußeren Bereiche des uns bekannten Lebensraums zu erkunden und nutzbar zu machen.

Die Betrachtung der technologischen Bewältigung der äußeren Bereiche unseres Lebensraums zu Wasser, zu Land, zu Luft und im Weltraum führt in die Gedankenwelt führender Ingenieure und Wissenschaftler. Die typische Vorgehensweise von Ingenieuren ist es, mit dem aktuell zur Verfügung stehenden Gerät erste Schritte zu wagen. Die gewonnenen Erfahrungen fließen in erfinderische Weiterentwicklungen, die den eigenen Handlungsraum zunehmend erweitern. Schließlich gelingt die Beherrschung der notwendigen Technologie, um eine Nutzbarmachung einzuleiten. Der Autor wünscht dem geneigten Leser und der geneigten Leserin viel Freude und Erkenntnis auf diesen technischen Abenteuerreisen, die anhand von historischen und aktuellen Patentschriften beschrieben werden.

München
im Mai 2025

Dr. Thomas Heinz Meitinger

Konkurrierende Interessen Der/die Autor*in hat keine für den Inhalt dieses Manuskripts relevanten Interessenkonflikte.

Inhaltsverzeichnis

Über den Autor

Dr. Thomas Heinz Meitinger ist deutscher und europäischer Patentanwalt. Nach einem Studium der Elektrotechnik in Karlsruhe arbeitete er zunächst als Entwicklungsingenieur. Spätere Stationen waren Tätigkeiten als Produktionsleiter und technischer Leiter in mittelständischen Unternehmen. Dr. Meitinger veröffentlicht regelmäßig wissenschaftliche Artikel, schreibt Fachbücher zum gewerblichen Rechtsschutz und hält Vorträge zu Themen des Patent-, Marken- und Designrechts. Dr. Meitinger ist Dipl.-Ing. (Univ.) und Dipl.-Wirtsch.-Ing. (FH). Außerdem führt er folgende Mastertitel: LL.M., LL.M., MBA, MBA, M.A. und M.Sc.

Abbildungsverzeichnis

Grundlagen des Patentrechts

1

In diesem Kapitel werden die Teile einer Patentschrift vorgestellt, die in diesem Fachbuch benutzt werden, um die jeweilige patentgeschützte Erfindung zu beschreiben. Vorteilhafterweise weist jede professionell geschriebene Patentschrift dieselben Abschnitte in derselben Reihenfolge auf, sodass sich Patentschriften gut eignen, um sich über ein technisches Gebiet schnell und umfassend zu informieren.

1.1 Aufbau einer Patentschrift

Eine Patentschrift weist einen einleitenden Teil, eine Beschreibung von Zeichnungen, die dazugehörenden Zeichnungen, Patentansprüche und eine Zusammenfassung auf.[1] Der einleitende Teil beschreibt die Entstehung der Erfindung, wobei zunächst der Stand der Technik vor der Erfindung und dessen Nachteile erläutert wird. Darauf folgt eine Beschreibung der technischen Aufgabe, die von der technischen Lehre der Erfindung gelöst wird, um die Nachteile des Stands der Technik zu überwinden. Die Zusammenfassung der Erfindung dient ausschließlich der Information der Öffentlichkeit und stellt im strengen Sinne kein Teil der Offenbarung der betreffenden Patentschrift dar.[2]

[1] § 34 Absatz 3 Ziffern 3 bis 5 Patentgesetz.

[2] § 36 Absatz 2 Satz 1 Patentgesetz.

T. H. Meitinger, *Pioniere der Tiefe. Hightech in Patenten*,
https://doi.org/10.1007/978-3-662-72152-0_1

1.2 Patentansprüche

Die Patentansprüche beschreiben die Merkmale der Erfindung, wobei der erste Anspruch (Synonym ist „Hauptanspruch") die wesentlichen Merkmale der Erfindung enthält.[3] Die Unteransprüche sind auf den Hauptanspruch rückbezogen (beispielsweise: „2. Vorrichtung nach Anspruch 1, wobei …") und beschreiben besondere Ausführungsformen der Erfindung.[4] Außerdem gibt es nebengeordnete Ansprüche, die nicht rückbezogen sind und neben dem Hauptanspruch eigenständige Schutzbereiche aufspannen.[5] Der Hauptanspruch und die nebengeordneten Ansprüche werden alternativ als unabhängige Ansprüche bezeichnet und die Unteransprüche als abhängige Ansprüche.

1.3 Zeichnungen

Es ist nicht zwingend, dass eine Patentschrift Zeichnungen enthält. Allerdings wird dies in aller Regel der Fall sein. Anhand von Zeichnungen kann man oft sehr schnell erkennen, um welchen erfinderischen Gegenstand es sich in der jeweiligen Patentschrift handelt. Es ist daher zu empfehlen, sich zunächst die Zeichnungen anzusehen, um einen ersten Eindruck von der technischen Lehre des Patents zu erhalten.

1.4 Beschreibung der Patentschrift

Die Beschreibung einer Patentschrift umfasst Erläuterungen zu den Zeichnungen, die sehr aufschlussreich sein können und mit denen die Zeichnungen im Detail verstanden werden können.

[3] § 9 Absatz 4 Patentverordnung.

[4] § 9 Absatz 6 Sätze 1 und 2 Patentverordnung.

[5] § 9 Absatz 5 Satz 1 Patentverordnung.

Bergbau 2

Der Bergbau beschäftigt sich mit der Suche (Exploration) und Gewinnung von Bodenschätzen aus der oberen Erdkruste. Ein Nachweis des Bergbaus ist bereits für die Zeit 3000 vor Christus möglich.[1]

2.1 Beleuchtung und Schutzhelm

Beleuchtung ist beim Untertagebergbau natürlich ein wichtiger Aspekt. In diesem Abschnitt werden drei Patente vorgestellt, die sich mit der Ausrüstung eines Schutzhelms mit einer Lampe befassen. Außerdem wird das erste Patent zur Gruben-Karbidlampe vorgestellt.

Das Patent US 324131, das am 11. August 1885 erteilt wurde, zeigt einen Schutzhelm für Bergleute, der mit einer Öllampe versehen ist.

Der Hauptanspruch lautet:

> *„As a means for securing a miner's lamp to a hat, cap, or other object, the combination, with a supporting-plate, of a bail-shaped frame comprising two lateral curved branches adapted to grasp the body of the lamp said lateral branches being joined in front by converging arms formed to receive the wick-tube and having inner S-shaped terminals connected with the supporting-plate, an aperture formed in the latter, and a hook rigidly mounted upon the lamp and engaging with said aperture, substantially as described.“*[2]

[1] Wikipedia, https://de.wikipedia.org/wiki/Bergbau, abgerufen am 19.4.2025.

[2] DPMA, https://depatisnet.dpma.de/DepatisNet/depatisnet?action=pdf&docid=US000000324131A&xxxfull=1, abgerufen am 20.4.2025.

T. H. Meitinger, *Pioniere der Tiefe. Hightech in Patenten*,
https://doi.org/10.1007/978-3-662-72152-0_2

Abb. 2.1 Fig. 1 bis 3 der US324131[3]

Der Anspruch beschreibt insbesondere, wie eine Lampe an dem Schutzhelm befestigt wird, wobei die Lampe mit einer Klammer gehalten und gegen ein Schutzblech gepresst wird. Das Schutzblech ist an dem Schutzhelm befestigt und verhindert, dass der Schutzhelm durch die Öllampe entzündet wird.

Die Abb. 2.1 zeigt in der Fig. 1 den Schutzhelm in einer perspektivischen Darstellung mit der Lampe, die von einer Drahtklammer 9 gehalten wird. An dem Schutzhelm ist das Schutzblech 2 angeordnet, das ein Entflammen oder lokales Erhitzen des Schutzhelms ausschließt.

---

[3] DPMA, https://depatisnet.dpma.de/DepatisNet/depatisnet?action=pdf&docid=US000000324131A&xxxfull=1, abgerufen am 19.4.2025.

Das Patent US 430691, das am 24. Juni 1890 erteilt wurde, beschreibt eine Lampe für einen Bergmann, die an dem Hut des Bergmanns eingehakt werden kann. Zum Auffüllen des Öls kann die Lampe abgenommen und nach der Befüllung wieder an dem Hut befestigt werden. Hierzu weist die Lampe H eine Feder K auf, die in eine rechteckige Ausformung C am Hut eingeführt wird, wobei die Feder K die Lampe H an den Hut presst. Eine Öse J dient dem händischen Abziehen der Lampe H von dem Hut. Ein Blech A stellt einen Hitzeschutz dar, damit sich der Hut nicht entzündet.

Die Abb. 2.2[4] zeigt in der Fig. 4 die rechteckige Ausformung C, in die der Haken I der Lampe (siehe Fig. 2) eingeführt wird.

Das Patent US 656874, das am 28. August 1900 erteilt wurde, beschreibt die erste Gruben-Karbidlampe. Eine Karbidlampe enthält Calciumcarbid, in dem in chemisch gebundener Form Acetylen enthalten ist. Ein Synonym von Acetylen ist Ethin. Das Acetylen wird in gasförmiger Form erst kurz vor dem Gebrauch durch die Zugabe von Wasser freigegeben und in einem Brenner entzündet. Der hierdurch erzeugte Lichtschein wird durch einen Hohlspiegel fokussiert. Ein Hohlspiegel ist ein nach innen gewölbter, konkaver Spiegel.

Der Hauptanspruch des Patents lautet:

„*In a lamp of the kind described, the combination with a water-reservoir, a carbid-compartment and a tube leading from the reservoir into the carbid-compartment, of a plug closing and opening into the reservoir, a stem carried by the plug and extending through the reservoir and water-tube and a valve secured to, or carried by, the stem and controlling the passage from the reservoir into the said tube, as set forth.*“[5]

Der Anspruch beschreibt den Aufbau der Karbidlampe.

Die Abb. 2.3 zeigt die erfindungsgemäße Gruben-Karbidlampe mit einem Bereich A, in dem Calciumcarbid enthalten ist und einem Bereich B, der Wasser aufweist. Ein Rohr C führt von dem Behälter B mit Wasser zum Bereich A mit Calciumcarbid. F ist der Brenner, der zur Entflammung des gasförmigen Acetylens vorgesehen ist. Eine konstante und gleichmäßige Entwicklung des Acetylengases ergibt sich durch eine feine Dosierung des Wassers, was insbesondere von dem erfindungsgemäßen Ventil D sichergestellt wird. Eine gleichbleibende Lichtentwicklung kann so gewährleistet werden.

Das Patent US 1065147, das am 17. Juni 1913 erteilt wurde, zeigt einen Hut eines Bergmanns mit einer elektrischen Beleuchtung.

Der einzige Anspruch des Patents lautet:

„*In a miner's lamp in combination, a cap, a lamp holder carried thereby provided with terminals, one of which projects from one side to the holder, an incandescent lamp supported by*

---

[4] DPMA, https://depatisnet.dpma.de/DepatisNet/depatisnet?action=pdf&docid=US000000430691A&xxxfull=1, abgerufen am 19.4.2025.

[5] DPMA, https://depatisnet.dpma.de/DepatisNet/depatisnet?action=pdf&docid=US000000656874A&xxxfull=1, abgerufen am 27.4.2025.

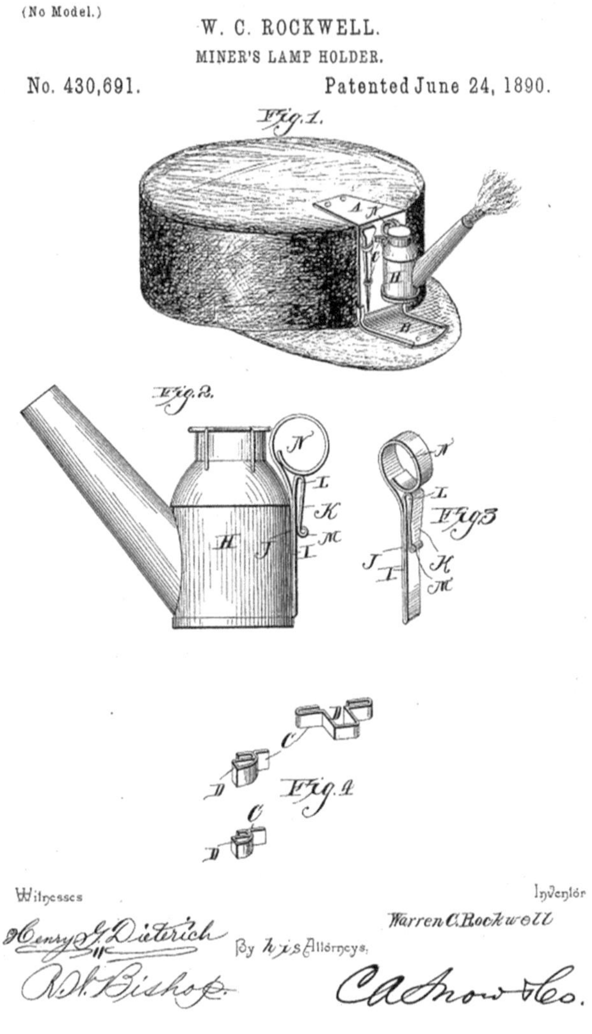

Abb. 2.2 Fig. 1 bis 5 der US430691

said holder and electrically connected to said terminals, a battery positioned at one side of the cap, a wire leading from said battery and under the holder and connected to said projecting terminal, a pair of annular members for connecting the battery to the cap, a switch secured to the other side of the holder opposite said battery, a wire leading from the battery to the switch, and a wire leading from the switch and extending under the holder and connected to the terminals"[6]

Der Anspruch beschreibt den Schaltkreis mit einer Batterie als Stromversorgung, durch die eine elektrische Lampe über einen Schalter eingeschaltet wird.

---

[6] DPMA, https://depatisnet.dpma.de/DepatisNet/depatisnet?action=pdf&docid=US000001065147A&xxxfull=1, abgerufen am 20.4.2025.

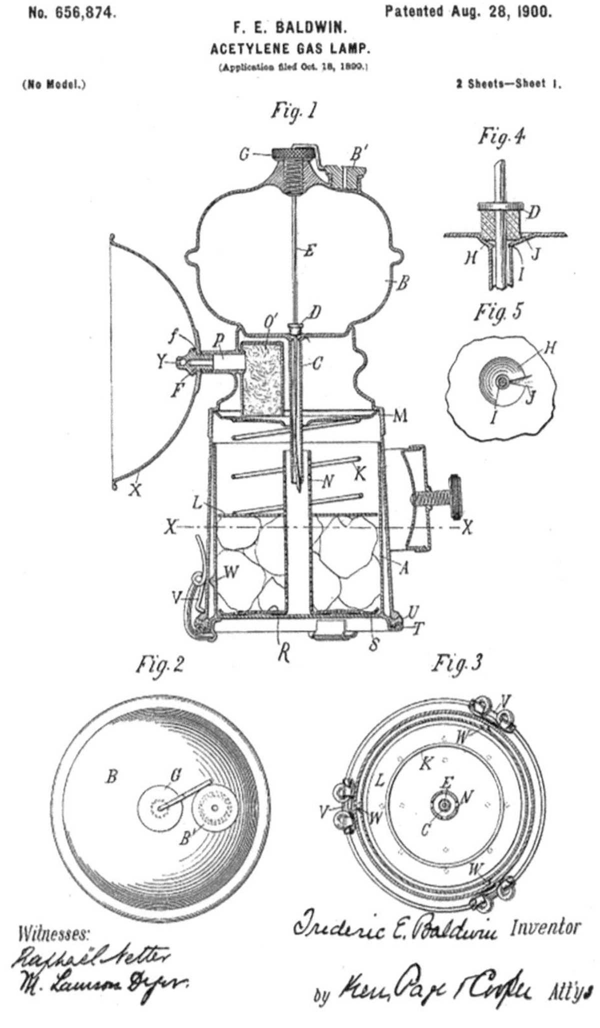

Abb. 2.3 Fig. 1 bis 5 der US656874[7]

Die Abb. 2.4 zeigt in der Fig. 2 den erfindungsgemäßen Schaltkreis und in der Fig. 1 eine Darstellung der elektrischen Beleuchtung. Es ist ein Schalter 9 dargestellt, der den Stromkreis schließt, damit eine Batterie 11 die Leuchte 14 mit Strom versorgt.

[7] DPMA, https://depatisnet.dpma.de/DepatisNet/depatisnet?action=pdf&docid=US000000656874A&xxxfull=1, abgerufen am 17.4.2025.

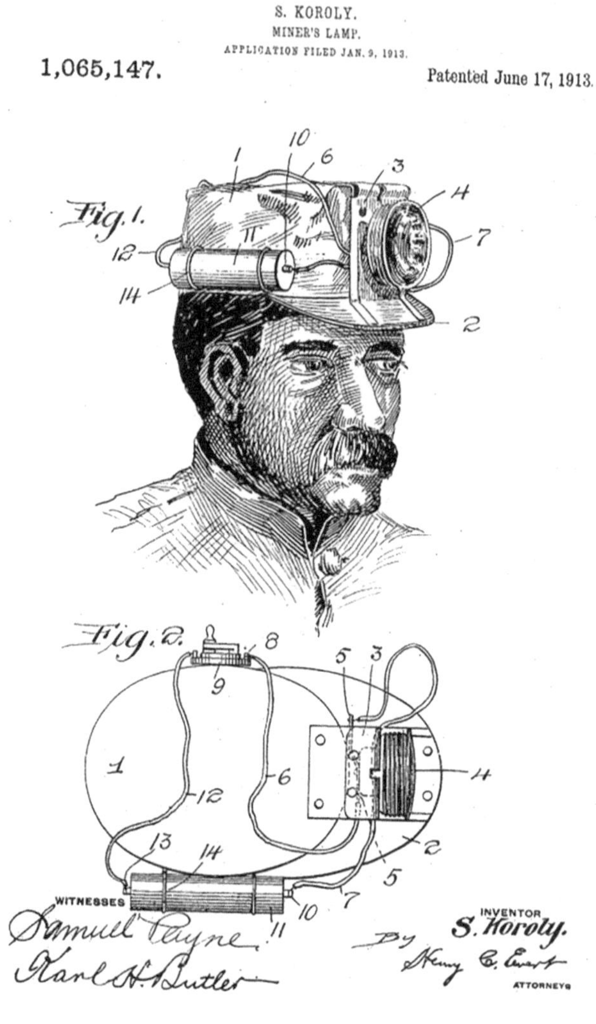

Abb. 2.4 Fig. 1 und 2 der US1065147[8]

2.2 Gold

Es werden drei Patente vorgestellt, die Vorrichtungen und Verfahren zur Gewinnung von Gold beschreiben. Beim Goldwaschen wird die Tatsache genutzt, dass Gold eine hohe Dichte aufweist und daher Goldpartikel schwerer als Sand oder Gestein sind. Gold wird in einem Wasserbad schneller absinken als Sand oder sonstige Partikel. Kann man das schnell absinkende Gold an eine Stelle in einer Goldpfanne dirigieren und die langsamer niedersinkenden Teile an einem anderen Platz der Goldpfanne, kann das Gold

[8] DPMA, https://depatisnet.dpma.de/DepatisNet/depatisnet?action=pdf&docid=US000001065147A&xxxfull=1, abgerufen am 19.4.2025.

„ausgewaschen“, also separiert werden. Ein weiteres Verfahren zur Goldgewinnung ist das Amalgamationsverfahren, bei dem die Tatsache genutzt wird, dass Gold und Quecksilber eine chemische Verbindung (Legierung) eingehen, wodurch das Gold mit dem Quecksilber zu größeren Partikeln bzw. Klumpen zusammengeballt wird.

Das Patent US 251534, das am 27. Dezember 1881 erteilt wurde, beschreibt eine Vorrichtung, die eine Wasserkaskade realisiert. Erfindungsgemäß wird das Wasser-Sand-Gemisch in Bewegung gehalten und anderseits eine Fließstrecke geboten, während der die schweren Goldpartikel eher am Anfang zum Grund absinken und durch Erhebungen am Boden der Vorrichtung am weiteren Abfließen gehindert werden. Kleinere Goldpartikel werden eventuell erst in einem zweiten oder sogar dritten Abschnitt der Vorrichtung zum Boden absinken. Der leichte Sand wird mit dem Wasser aus der Vorrichtung herausgewaschen, da dem Sand nicht genügend Zeit bleibt, bis zum Boden der Vorrichtung abzusinken.

Der einzige Anspruch des Patents lautet:

> *„An improved sluice-box, composed of a series of platforms arranged one above the other in the same horizontal plane, and each provided with a riffle near its edge, and a quicksilver bath above and a copper plate below the said riffle, substantially as and for the purpose set forth.“*[9]

Der Anspruch beschreibt die erfinderische Vorrichtung, wobei zusätzlich Quecksilber verwendet wird, um die feinen Goldpartikel zu binden und zusammenzuballen.

Die Abb. 2.5 zeigt die erfindungsgemäße Vorrichtung in der Fig. 1, wobei vor den Erhebungen jeweils ein Quecksilberbad F angeordnet ist, sodass die Goldpartikel mit dem Quecksilber eine Legierung eingehen. Die Fig. 2 stellt einen Längsschnitt der erfinderischen Vorrichtung dar, wobei die Quecksilberbäder in Fließrichtung vor den Erhebungen C angeordnet sind.

Das Patent US 272788, das am 20. Februar 1883 erteilt wurde, wendet ein verbessertes Amalgamationsverfahren an, um auch kleinste Goldpartikel auszuwaschen. Die erfindungsgemäße Vorrichtung weist ein Sieb auf, das große Steine auffängt. Sand und kleinste Goldpartikel gelangen in die Vorrichtung, die im Wesentlichen aus einem Rührwerk besteht, in dem Quecksilber enthalten ist und wobei durch Schaufeln der Sand und die Goldpartikel intensiv mit dem Quecksilber vermischt werden. Hierdurch wird sichergestellt, dass auch kleine Goldpartikel von dem Quecksilber gebunden werden.

Die Abb. 2.6 zeigt die erfinderische Vorrichtung mit einer Welle E, die durch eine Kurbel I angetrieben wird. Das Ausgangsmaterial wird auf das Sieb B geworfen, das große Steine in dem Sandgemisch zurückhält. Das feine Sandgemisch gelangt in das Innere der Vorrichtung, in dem Schaufeln angeordnet sind, die von der Welle E angetrieben werden. Das Sandgemisch, in dem sich Goldpartikel befinden, wird mit dem Quecksilber,

[9] DPMA, https://depatisnet.dpma.de/DepatisNet/depatisnet?action=pdf&docid=US000000251534A&xxxfull=1, abgerufen am 21.4.2025.

Abb. 2.5 Fig. 1 und 2 der US251534[10]

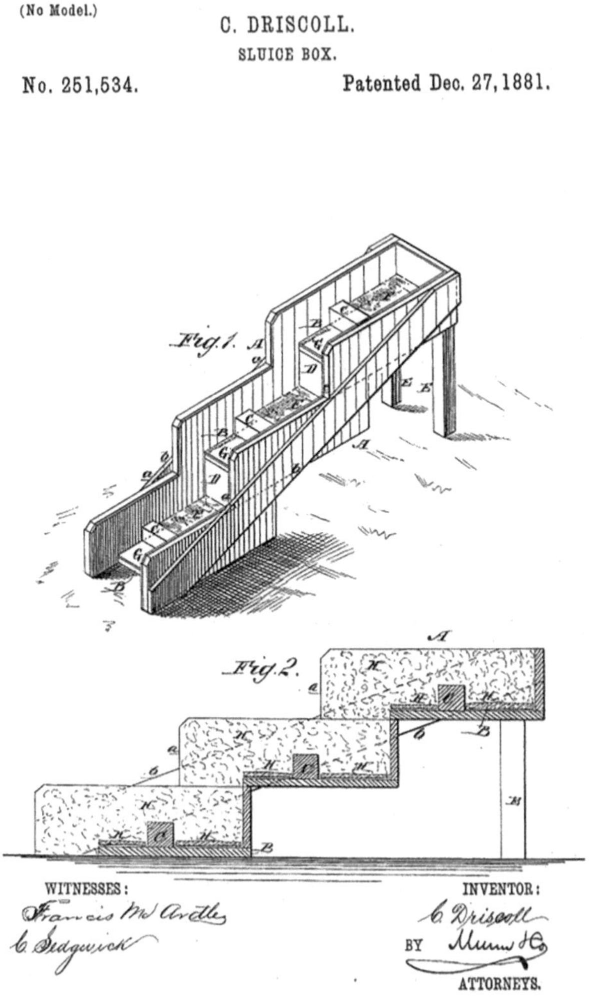

das zuvor eingefüllt wurde, vermischt, sodass sich die Goldpartikel mit dem Quecksilber verbinden. Die relativ großen Gold-Quecksilber-Klumpen können leicht aufgefangen werden.

Das Patent US 585989, das am 6. Juli 1897 erteilt wurde, beschreibt eine „Goldpfanne", die sichelförmige Vertiefungen aufweist, in denen Goldpartikel hängen bleiben können. Die Idee ist, durch Schräghalten der Pfanne bereits weit abgesunkene Goldpartikel durch die Vertiefungen aufzufangen und noch darüber schwimmende Partikel weiter nach unten in tiefer liegende Bereiche der Goldpfanne fließen zu lassen.

[10] DPMA, https://depatisnet.dpma.de/DepatisNet/depatisnet?action=pdf&docid=US000000251534A&xxxfull=1, abgerufen am 19.4.2025.

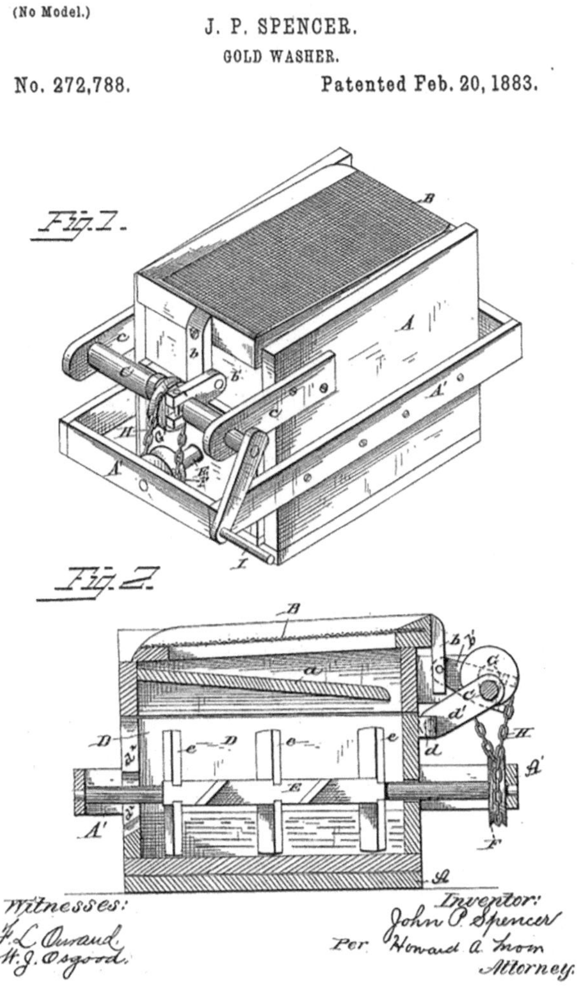

Abb. 2.6 Fig. 1 und 2 der US272788[11]

Der Hauptanspruch des Patents lautet:

„*In a gold-washing pan, the sides thereof converging from the top toward the bottom and having an inwardly-projecting rib, said bottom having crescent-shaped indentations of curved form laterally and lessening in depth near the ends.*"[12]

---

[11] DPMA, https://depatisnet.dpma.de/DepatisNet/depatisnet?action=pdf&docid=US000000272788A&xxxfull=1, abgerufen am 19.4.2025.

[12] DPMA, https://depatisnet.dpma.de/DepatisNet/depatisnet?action=pdf&docid=US000000585989A&xxxfull=1, abgerufen am 21.4.2025.

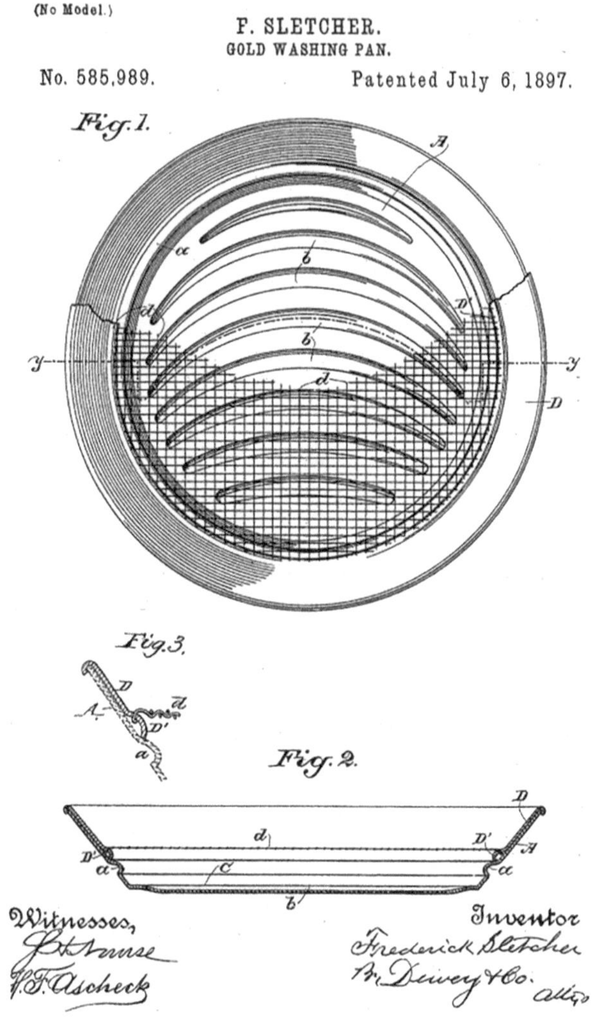

Abb. 2.7 Fig. 1 bis 3 der US585989[13]

Der Hauptanspruch beschreibt die sichelförmigen Vertiefungen der Goldpfanne, wobei die Vertiefungen in der Mitte der Goldpfanne tiefer im Vergleich zum Randbereich ausgeformt sind.

Die Abb. 2.7 zeigt die Goldpfanne in einer Draufsicht in der Fig. 1 und in einem Längsschnitt in der Fig. 2. Die Fig. 1 zeigt die halbmondförmigen Vertiefungen b zum Auffangen der Goldpartikel beim Goldwaschen.

[13] DPMA, https://depatisnet.dpma.de/DepatisNet/depatisnet?action=pdf&docid=US000000585989A&xxxfull=1, abgerufen am 19.4.2025.

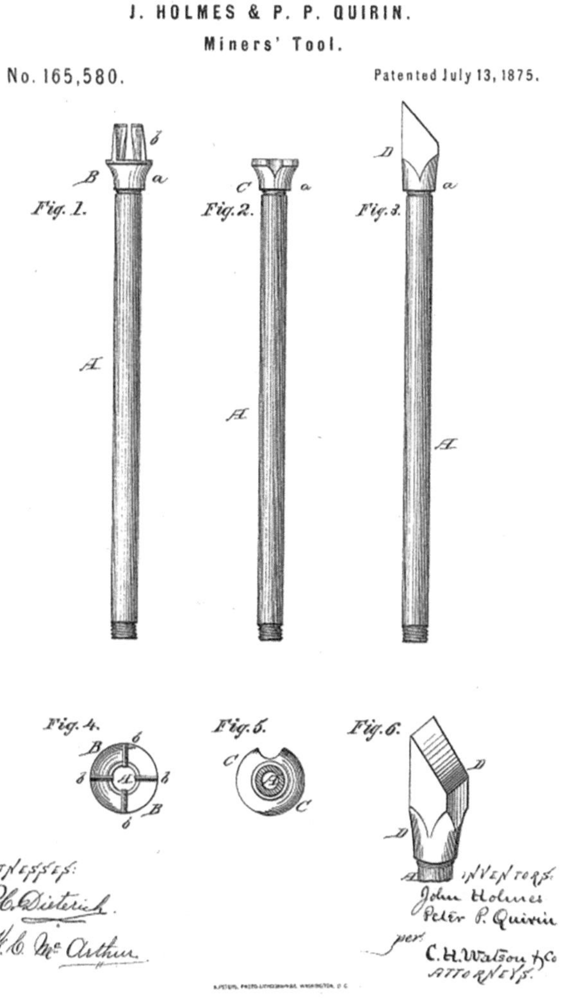

Abb. 2.8 Fig. 1 bis 6 der US165580[14]

2.3 Minenwerkzeug

Das Patent US 165580, das am 13. Juli 1875 erteilt wurde, beschreibt ein Werkzeug für den Bergbau mit einem Rohr, das an beiden Enden Außengewinde aufweist. Auf das Rohr können unterschiedliche Werkzeuge geschraubt werden, insbesondere ein Schneidwerkzeug und ein Meißel.

Die Abb. 2.8 zeigt das Rohr A mit Außengewinden, auf die ein Messer B, ein Stampfer C oder ein Meißel D aufgeschraubt werden können.

[14] DPMA, https://depatisnet.dpma.de/DepatisNet/depatisnet?action=pdf&docid=US000000165580A&xxxfull=1, abgerufen am 19.4.2025.

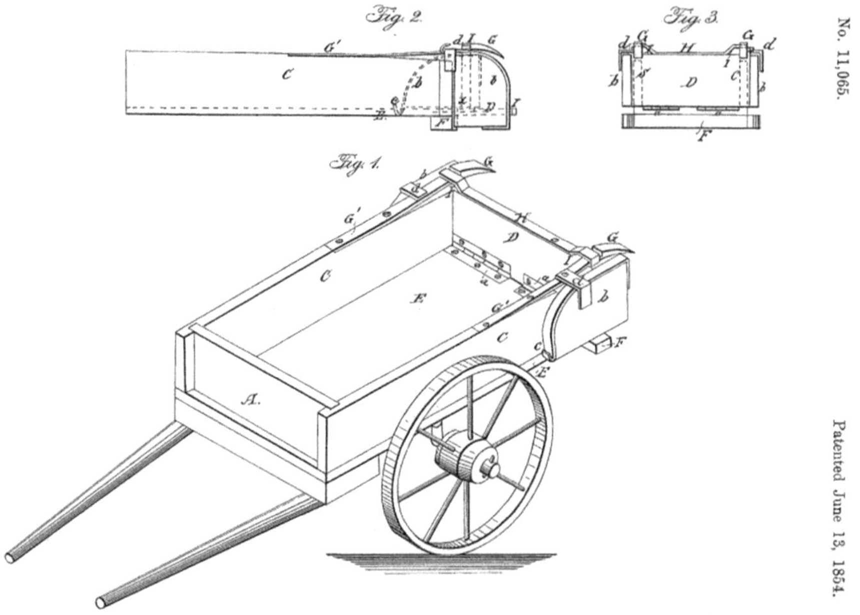

Abb. 2.9 Fig. 1 bis 3 der US11065[16]

2.4 Fuhrwerk

Das Patent US 11065, das am 13. Juni 1854 erteilt wurde, zeigt ein Grubenfahrzeug, das am Heck eine besondere Klappe zur einfachen Entladung aufweist. Insbesondere sind an der Heckklappe Seitenteile angebracht, die beim Absenken der Heckklappe eine Verlängerung der Seitenwände des Wagens darstellen und damit ein seitliches Herunterfallen des Transportgutes verhindern.

Der Hauptanspruch des Patents lautet:

„*The manner herein described, of rendering the tail gate or board capable of increasing the length of the body of the wagon, when lowered to a horizontal position, substantially as,, and for the purpose herein set forth.*“[15]

Die Abb. 2.9 zeigt den Karren mit der Heckklappe D, an der Seiten b angeordnet sind, die herausgefahren werden, wenn die Heckklappe in eine horizontale Stellung gebracht wird. Die Seitenteile b stellen dann eine Verlängerung der Seitenwände C dar.

[15] https://depatisnet.dpma.de/DepatisNet/depatisnet?action=pdf&docid=US000000011065A&xxxfull=1, abgerufen am 12.10.2025.

[16] DPMA, https://depatisnet.dpma.de/DepatisNet/depatisnet?action=pdf&docid=US000000011065A&xxxfull=1, abgerufen am 19.4.2025.

2.5 Schaufel

Das Patent US 285594, das am 25. September 1883 erteilt wurde, beschreibt eine Schaufel für Bergleute, die an einem Stiel A das Schaufelblatt E aufweist, wobei das Schaufelblatt E um 90° gedreht werden kann. Außerdem kann an den Stiel A alternativ eine Spitze eines Pickels befestigt werden.

Die Abb. 2.10 zeigt das erfindungsgemäße Werkzeug mit einem Schaufelblatt E, das an dem Stiel A lösbar befestigt ist.

Die Abb. 2.11 zeigt das erfindungsgemäße Werkzeug mit einem Schaufelblatt E, das zum Stiel A einen 90° Winkel einnimmt. Alternativ kann an den Stiel A eine Pickelspitze bzw. Spitzhacke C angeordnet werden.

2.6 Spaten

Ein Spaten kann als eine Sonderform einer Schaufel angesehen werden, bei dem an einem Stiel ein flaches Spatenblatt befestigt ist.

Das Patent US 400923, das am 9. April 1889 erteilt wurde, beschreibt einen Spaten, der sich durch eine hohe mechanische Stabilität auszeichnet.

Der einzige Anspruch des Patents lautet:

> „*The combination, with a shovel or spade, of a tension-strap extending the entire length of the handle, and terminating in a screw-bolt which extends obliquely through the same, and a nut engaging with the bolt, whereby the necessary tension of the strap may be had, substantially as and for the purpose set forth.*“[17]

Der Anspruch offenbart einen Spaten, der ein metallisches Spannband von dem Spatenblatt bis zum Griff des Stiels aufweist.

Die Abb. 2.12 zeigt den erfindungsgemäßen Spaten mit dem Spatenblatt A, von dem das metallische Spannband D ausgeht und erst am Griff C des Spatens endet. Das Spannband D wird von dem Holz des Stiels B gestützt. Hierdurch weist der Spaten eine sehr hohe Stabilität auf.

2.7 Pickel bzw. Spitzhacke

Ein Pickel bzw. eine Spitzhacke ist ein Werkzeug, das zwei Spitzen aufweist, die gegenüberliegend an einem Stiel angeordnet sind. Mit einem Pickel wird in einem Bergwerk Gestein aus einem Flöz geschlagen.

[17] DPMA, https://depatisnet.dpma.de/DepatisNet/depatisnet?action=pdf&docid=US000000400923A&xxxfull=1, 27.4.2025.

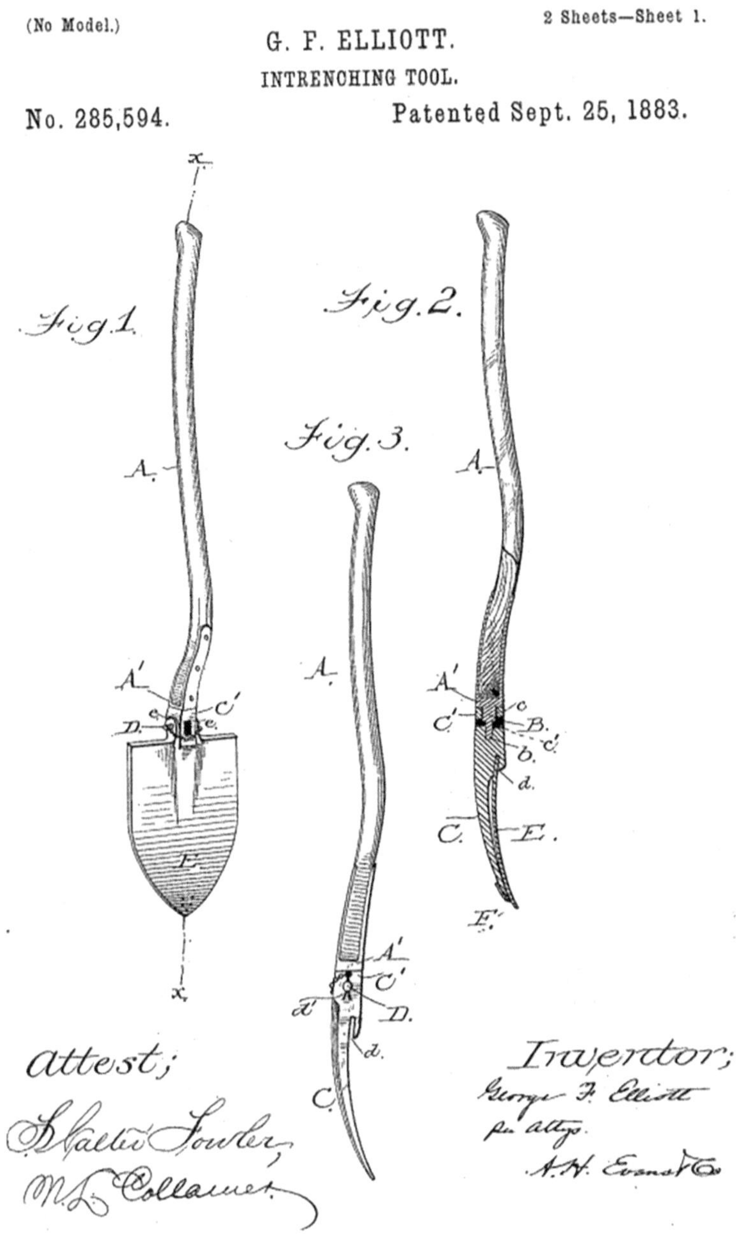

Abb. 2.10 Fig. 1 bis 3 der US285594[18]

[18] DPMA, https://depatisnet.dpma.de/DepatisNet/depatisnet?action=pdf&docid=US000000285594A&xxxfull=1, abgerufen am 19.4.2025.

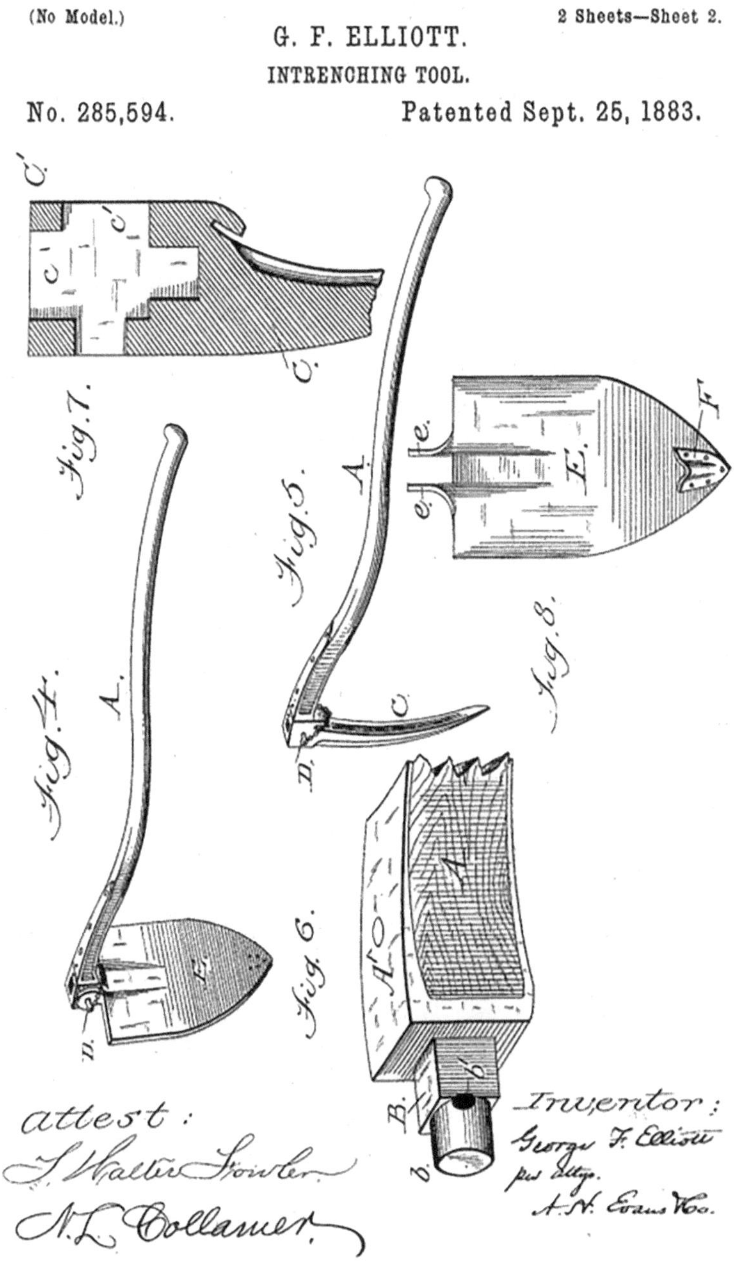

Abb. 2.11 Fig. 4 bis 7 der US285594[19]

[19] DPMA, https://depatisnet.dpma.de/DepatisNet/depatisnet?action=pdf&docid=US000000285594A&xxxfull=1, abgerufen am 19.4.2025.

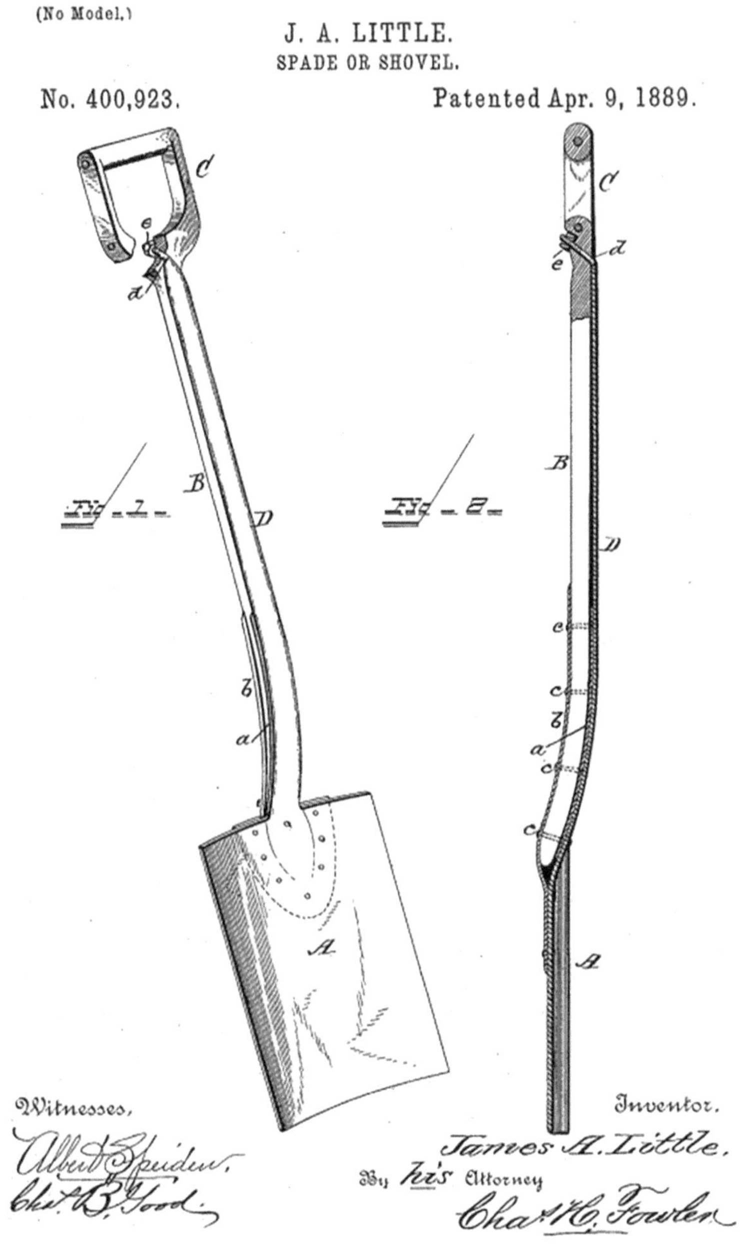

Abb. 2.12 Fig. 1 und 2 der US400923[20]

[20] DPMA, https://depatisnet.dpma.de/DepatisNet/depatisnet?action=pdf&docid=US000000400923A&xxxfull=1, abgerufen am 19.4.2025.

Das Patent US 271939, das am 6. Februar 1883 erteilt wurde, beschreibt eine Spitzhacke, die insbesondere für Bergleute beim Herausschlagen von Steinkohle aus einem Flöz geeignet ist. Die Tätigkeit des Bergmanns soll dadurch erleichtert werden, dass die erfindungsgemäße Spitzhacke eine Dämpfung am Stiel vorsieht, die Erschütterungen durch das Auftreffen der Spitzhacke auf dem Gestein dämpft. Erfindungsgemäß wird der Stiel mit einem Band federartig umwickelt, um den gewünschten Effekt zu erzielen.

Die Abb. 2.13 zeigt die erfindungsgemäße Spitzhacke mit dem Band B, das die Erschütterungen bei dem Schlagen von Gestein dämpft.

Das Patent US 316528, das am 28. April 1885 erteilt wurde, beschreibt eine Spitzhacke, deren Spitzen mit dem Stiel sehr stabil verbunden sind.

Die Abb. 2.14 zeigt den Stiel C mit Erhebungen D, die Ausnehmungen G aufweisen. Die Spitzen A werden zwischen den Erhebungen D angeordnet und mit einem Holzklotz H, der durch eine Ausnehmung F und durch die Ausnehmungen G der Spitzen A geführt wird, verkeilt. Hierdurch ergibt sich eine stabile Verbindung der Spitze A mit dem Stiel C. Zusätzliche Stabilität ergibt sich durch eine metallische Platte E, auf der die Spitzen A aufliegen.

2.8 Grubenwinde

Das Patent US 322516, das am 21. Juli 1885 erteilt wurde, beschreibt eine Grubenwinde, die von nur einer Person bedient werden kann und die eine Sicherung gegen ein unkontrolliertes Entgleiten des zu bergenden Behälters zur Verfügung stellt.

Die Abb. 2.15 zeigt die Grubenwinde mit dem Behälter, der mit einer Seilwinde an die Erdoberfläche befördert wird. Die erfindungsgemäße Grubenwinde weist eine Trommel A zum Aufwickeln des Seils auf, wobei an dem Seil der Behälter hängt. Außerdem weist die Grubenwinde einen Hemmmechanismus auf, der bei einem versehentlichen Loslassen der Kurbel P ein Hinunterfahren des Behälters verhindert. Der Hemmmechanismus ist ein Zahnrad B, das an der Trommel A befestigt ist, sodass die Kurbel P nur zum Aufwickeln des Seils ohne weiteres genutzt werden kann. Möchte man den Eimer in die Grube ablassen, muss das Zahnrad B von der Trommel A gelöst werden.

Die Abb. 2.16 zeigt die erfinderische Grubenwinde in einer Draufsicht mit der Trommel A und dem Zahnrad B des Hemmmechanismus.

2.9 Grubenwagen

Das Patent US 736561, das am 18. August 1903 erteilt wurde, offenbart einen Kippminenwagen, der einfach zu bedienen ist.

Der Hauptanspruch des Patents lautet:

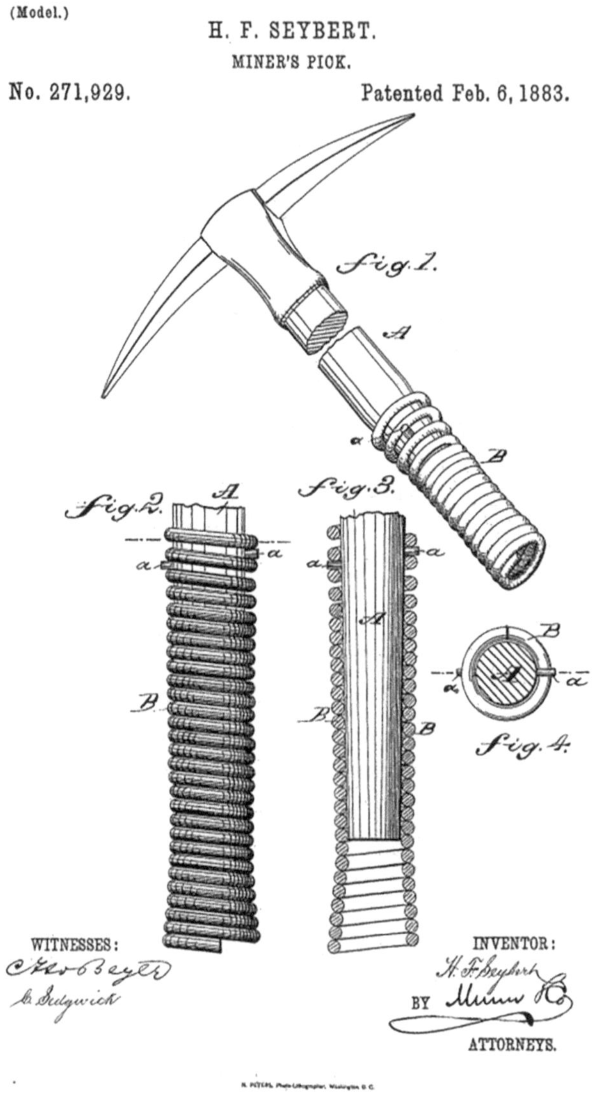

Abb. 2.13 Fig. 1 bis 4 der US271929[21]

[21] DPMA, https://depatisnet.dpma.de/DepatisNet/depatisnet?action=pdf&docid=US000000271929A&xxxfull=1, abgerufen am 19.4.2025.

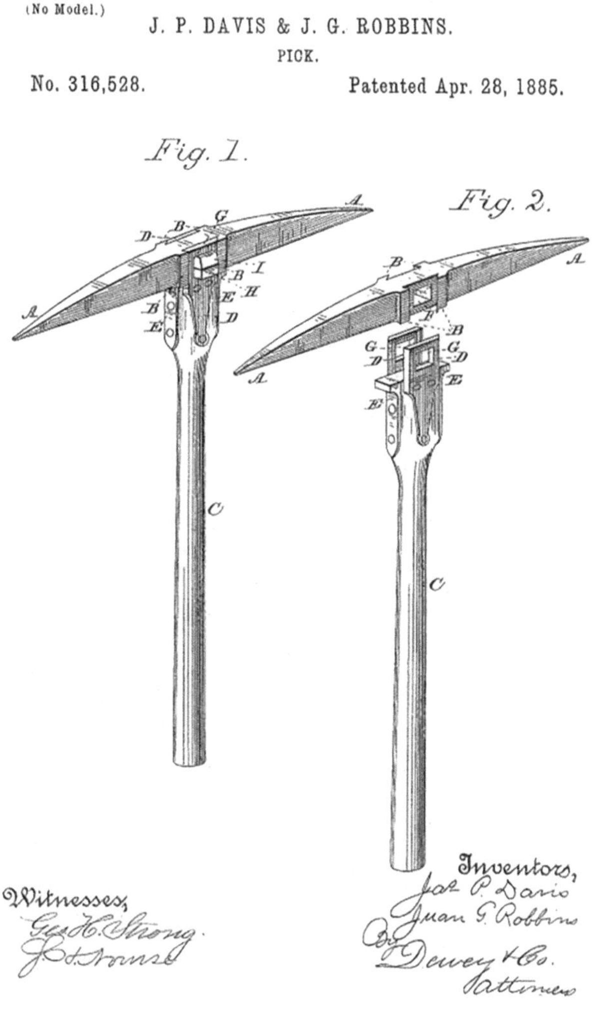

Abb. 2.14 Fig. 1 und 2 der US316528[22]

„In a mine-car, the combination of the body having, trunnions, the standards having trunnion-bearings, and the longitudinal base from which the standards project upwardly; said base being forged from wrought metal with a flat top having rounded ends and a continuous vertical flange integral with and conforming to the outline of the top."[23]

Der Anspruch beschreibt die Ausformung des modernen Grubenwagens mit der Ladewanne aus geschmiedetem Metall. Die Mulde weist eine abgerundete Form auf, sodass

[22] DPMA, https://depatisnet.dpma.de/DepatisNet/depatisnet?action=pdf&docid=US000000316528A&xxxfull=1, abgerufen am 19.4.2025.

[23] DPMA, https://depatisnet.dpma.de/DepatisNet/depatisnet?action=pdf&docid=US000000736561A&xxxfull=1, abgerufen am 28.4.2025.

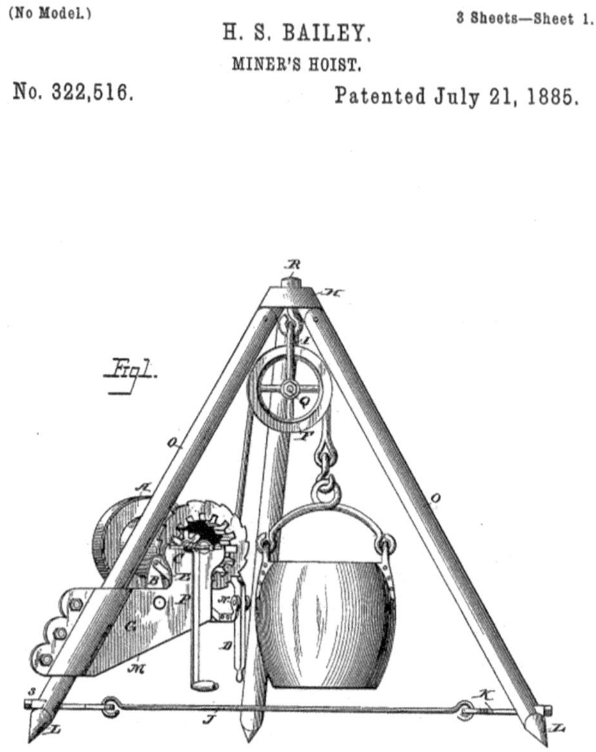

Abb. 2.15 Fig. 1 der US322516[24]

eine Be- und Entladung von Schüttgut erleichtert wird. Die Mulde ist auf zwei parallelen Zapfen gelagert, sodass ein Schwenkvorgang zu beiden Seiten derart erfolgen kann, dass die gekippte Ladewanne weit zur Seite herausragt.

Die Abb. 2.17 zeigt die abgerundete Form der Ladewanne und die Lagerung auf zwei Zapfen, die horizontal versetzt sind.

2.10 Minenaufzug

Das Patent US 478595, das am 12. Juli 1892 erteilt wurde, beschreibt einen Minenaufzug.

Der Hauptanspruch des Patents lautet:

[24] DPMA, https://depatisnet.dpma.de/DepatisNet/depatisnet?action=pdf&docid=US000000322516A&xxxfull=1, abgerufen am 19.4.2025.

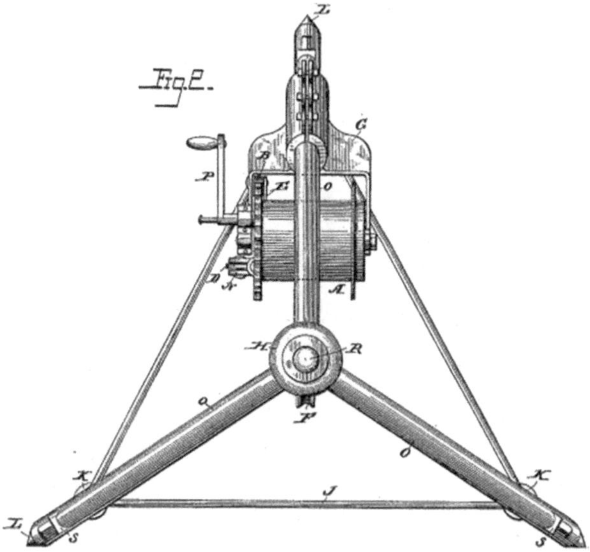

Abb. 2.16 Fig. 2 der US322516[25]

„The combination, with the opposite vertical guide-ribs 5 and 6, having the spaces 7 between their adjacent ends, the frame-work for supporting the ribs, and the front and rear deflecting-ribs 8 and 13, respectively, the former leading from the upper ends of the lower ribs 6 and extending forward from the same away from the general line of the ribs and the latter extending from a point near the lower ends of the upper ribs 5, disposed rearward therefrom and declining away from the, general line of the ribs, of the cage, having U-shaped shoes for embracing the ribs 5 and 6, the rocking frame mounted upon the cage and adapted to support a car, and the pairs of opposite rollers projecting from the sides of the rocking frame, adapted to embrace the ribs 5 and 6 and be deflected by the deflecting-ribs, and means for swinging the locking-ribs into and out of their described operative position, substantially as specified.“[26]

Der Anspruch beschreibt einen Minenaufzug, der eine Kippvorrichtung an seinem unteren und an seinem oberen Ende aufweist.

Die Abb. 2.18 zeigt in der Fig. 1 mit den Ablenkrippen 8 und 13 eine Ausgestaltung, um die Ladewanne 35 oben mit dem Fördergut zu entleeren und in der Fig. 2 eine Anordnung, um die Ladewanne unten zu entladen. Hierdurch kann Werkzeug und Verbrauchsmaterial in das Bergwerk geschafft werden.

[25] DPMA, https://depatisnet.dpma.de/DepatisNet/depatisnet?action=pdf&docid=US000000322516A&xxxfull=1, abgerufen am 27.4.2025.

[26] DPMA, https://depatisnet.dpma.de/DepatisNet/depatisnet?action=pdf&docid=US000000478595A&xxxfull=1, abgerufen am 28.4.2025.

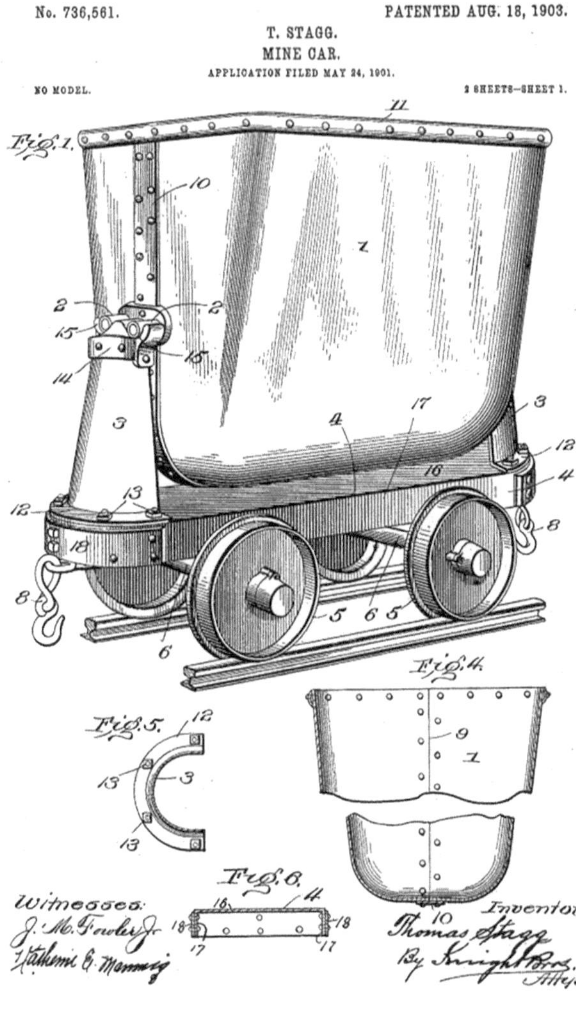

Abb. 2.17 Fig. 1 bis 6 der US736561[27]

2.11 Rollenmeißel

Der Rollenmeißel ist eine Erfindung von Howard Robert Hughes Senior, der Vaters des Industriellen und Flugzeugpioniers Howard Hughes, dessen Leben durch den Film „Aviator" mit Leonardo DiCaprio bekannt wurde. Die geschäftliche Tätigkeit mit Bohrmeißeln wurde von der Hughes Tool Company sehr erfolgreich betrieben. Howard Robert Hughes Jr., geboren am 24. Dezember 1905 und gestorben am 5. April 1976, konnte basierend auf

[27] DPMA, https://depatisnet.dpma.de/DepatisNet/depatisnet?action=pdf&docid=US000000736561A&xxxfull=1, abgerufen am 19.4.2025.

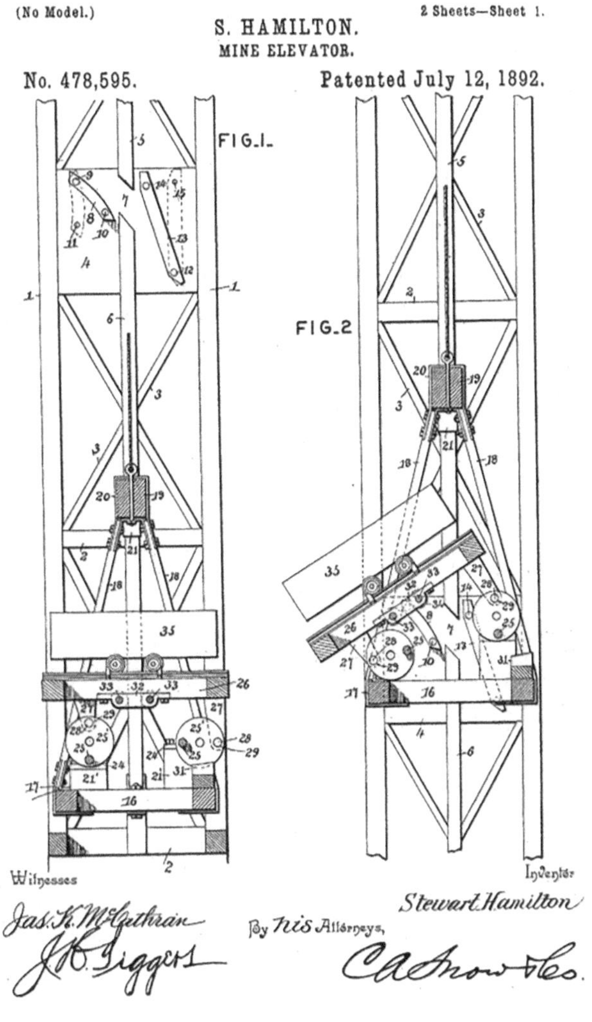

Abb. 2.18 Fig. 1 und 2 der US478595[28]

der lukrativen Geschäftstätigkeit des Unternehmens seines Vaters ein milliardenschweres Industriekonglomerat aufbauen.

Der Bohrmeißel des Howard Robert Hughes Senior zeichnet sich durch drei bewegliche Rollen aus, die Schneideelemente aufweisen und sich in das Gestein hineinfräsen. Der Gesteinsabtrag wird durch Bohrwasser an die Erdoberfläche gespült, das durch Düsen zwischen den Rollen eingespeist wird.

Die Abb. 2.19 zeigt das Funktionsprinzip des Bohrmeißels, wobei an drei Rollen Schneidezähne angeordnet sind und zwischen den Rollen Bohrwasser durch eine Düse

[28] DPMA, https://depatisnet.dpma.de/DepatisNet/depatisnet?action=pdf&docid=US000000478595A&xxxfull=1, abgerufen am 19.4.2025.

in das Bohrloch unter Druck hinein gespritzt wird, wodurch das herausgefräste Gestein nach oben an die Erdoberfläche gespült werden kann.

Die Abb. 2.20 zeigt die Fig. 1 und 2 des Patents US 930758 A, das am 10. August 1909 erteilt wurde. In der Abb. 2.20 ist mit dem Bezugszeichen 2 der Kanal dargestellt, mit dem das Bohrwasser in das Bohrloch gepresst wird. Die Rollen 6 und 7 weisen Zähne 3 und 4 auf, die sich in das Gestein fräsen und Gesteinsbrocken herausbrechen.

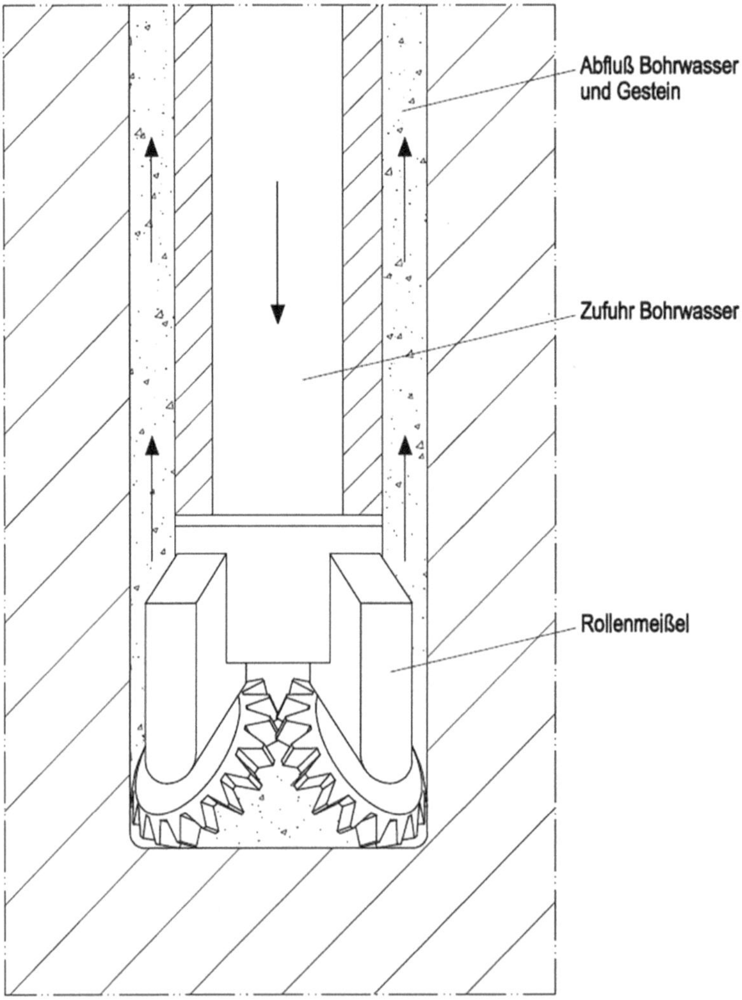

Abb. 2.19 Funktionsweise eines Rollenmeißels

Abb. 2.20 Fig. 1 und 2 der US930758[29]

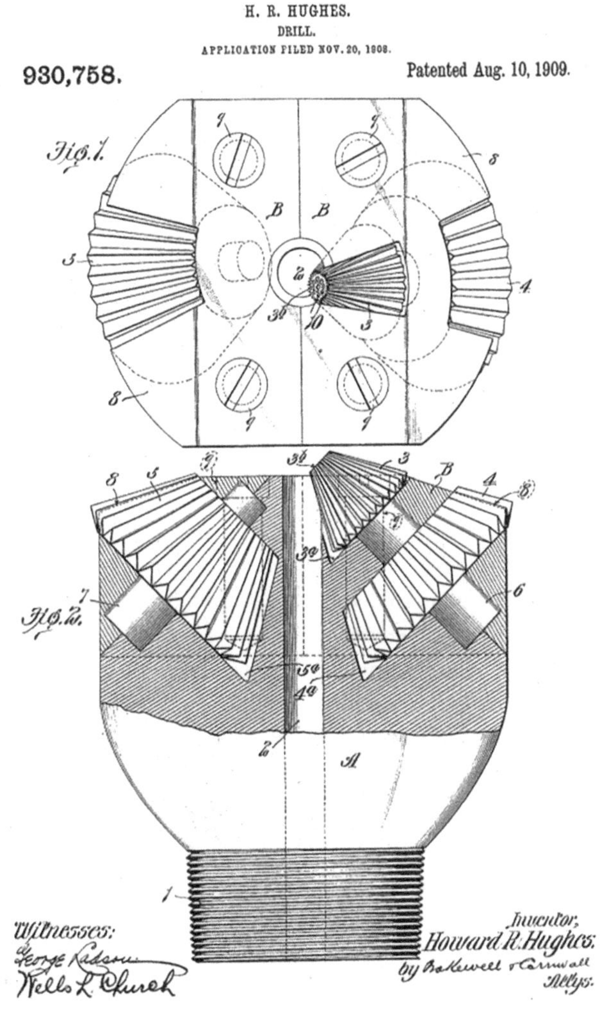

2.12 Eimerkettenbagger

Das Patent US 1540276, das am 2. Juni 1925 erteilt wurde, beschreibt den Eimerkettenbagger. Ein Eimerkettenbagger hat eine Kette mit Schaufeln. Die Kette wird durch zwei Umlenkrollen geführt. Der Eimerkettenbagger nimmt an dem Ort der unteren Umlenkrolle in einem kontinuierlichen Arbeitsprozess im Wasser- oder Tagebau Fördergut auf und entlädt es an dem Ort der oberen Umlenkrolle.

Der Hauptanspruch des Patents lautet:

[29] DPMA, https://depatisnet.dpma.de/DepatisNet/depatisnet?action=pdf&docid=US000000930758A&xxxfull=1, abgerufen am 19.4.2025.

„A bucket for bucket chain dredges, constructed with a pintle hub and a concaved bearing surface forward of and merging into the surface of said pintle hub.“[30]

Der Anspruch beschreibt eine besonders vorteilhafte Ausgestaltung der einzelnen Eimer des Eimerkettenbaggers, damit die Umlenkrollen den Eimer stabil halten und dieser das Fördergut aufnehmen kann. Außerdem wird das Fördergut erfindungsgemäß kontrolliert entladen.

Die Abb. 2.21 zeigt den Eimerkettenbagger in einer seitlichen Darstellung.

Die Abb. 2.22[31] zeigt die obere Umlenkrolle mit einer ebenen Ausformung 7 und einem Absatz 8 an der Umlenkrolle, auf der die Rolle des Eimers aufsetzen kann, damit das schwere Fördergut kontrolliert entladen wird.

2.13 Kettenkratzförderer

Ein Kettenkratzförderer, bzw. Panzerförderer oder Kratzkettenförderer, ist ein Fördermittel, um Schüttgut horizontal innerhalb eines Bergwerks zu befördern. Ein Kurvenpanzer ist ein Kettenkratzförderer, der das Schüttgut entlang einem Kurvenradius fördert.

Das Patent DE 3825293 C2, das am 26. Juli 1988 beim Patentamt eingereicht wurde, beschreibt einen Kurvenpanzer. Die Patentschrift löst das Problem, dass herkömmliche Kurvenpanzer jeweils nur für bestimmte Radien ausgelegt sind und daher nicht für andere Förderstrecken mit anderen Kurvenradien genutzt werden können. Das Patent stellt sich daher die Aufgabe, einen Kettenkratzförderer zur Verfügung zu stellen, der um enge Kurven fördern und insbesondere an unterschiedliche Kurvenradien angepasst werden kann.

Der Hauptanspruch lautet:

„Kettenkratzförderer für den Transport von Massengut im untertägigen Berg- und Tunnelbau, bestehend aus einer mit Mitnehmern bestückten endlosen Kette und den Ober- und Untertrum aufweisenden Förderrinnen, von denen einige über ein die einander überlappenden Boden- und Grundbleche mittig zusammenfassendes Bolzengelenk horizontal begrenzt verschwenkbar miteinander verbunden sind und im Gelenkbereich ineinanderfassende und einander führende Seitenprofile aufweisen, dadurch gekennzeichnet, daß eine Vielzahl der gleich ausgebildeten Förderrinnen (8, 9) über Bolzengelenke (10, 11, 34, 35, 36, 37, 38, 39, 40, 41) miteinander verbunden sind, wobei die Förderrinnen (8, 9) eine dem gewünschten Kurvenradius entsprechende Länge, d. h. bei engem Kurvenradius eine geringe und bei weitem Kurvenradius eine

[30] DPMA, https://depatisnet.dpma.de/DepatisNet/depatisnet?action=pdf&docid=US000001540276A&xxxfull=1, abgerufen am 28.4.2025.

[31] DPMA, https://depatisnet.dpma.de/DepatisNet/depatisnet?action=pdf&docid=US000001540276A&xxxfull=1, abgerufen am 28.4.2025.

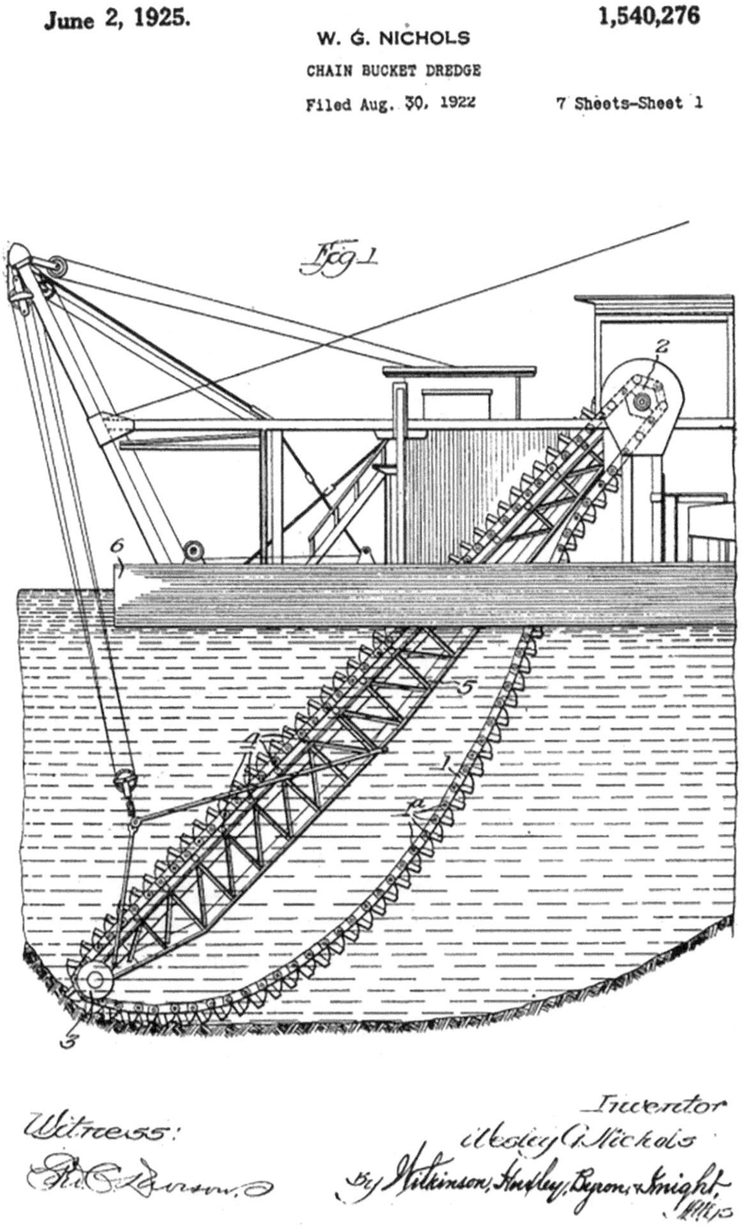

Abb. 2.21 Fig. 1 der US1540276[32]

[32] DPMA, https://depatisnet.dpma.de/DepatisNet/depatisnet?action=pdf&docid=US000001540276A&xxxfull=1, abgerufen am 19.4.2025.

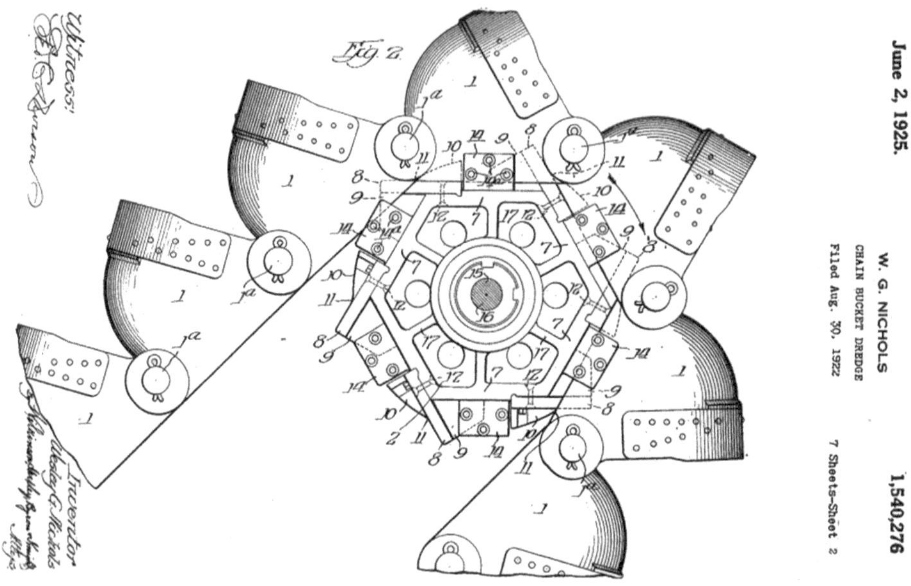

Abb. 2.22 Fig. 2 der US1540276

große Länge aufweisen, daß die Bodenbleche (33) bzw. Grundbleche (32) endseitig der Förderrinnen (8, 9) mit zungenförmigen Enden (42, 43) einander überlappend und das Bolzengelenk aufnehmend angeordnet sind und daß das Bolzengelenk (10, 11) verstarrbar ausgebildet ist.“[33]

Die Abb. 2.23 zeigt einen Kettenkratzförderer und veranschaulicht die Bezeichnungen Obertrum und Untertrum, die im Anspruch verwendet werden. Mit Obertrum wird die Oberseite der Fördervorrichtung und mit Untertrum die Unterseite bezeichnet.

Die Abb. 2.24 zeigt den Kettenkratzförderer 3 mit einer 90°-Kurve, wobei die einzelnen Förderrinnen 8 und 9 erfindungsgemäß senkrecht ausgerichtete Bolzen 10 und 11 aufweisen, die als Gelenke genutzt werden. Hierdurch kann der Förderer das Schüttgut um Kurven fördern und ist flexibel an unterschiedliche Kurvenradien anpassbar.

2.14 Fracking

Der Erfinder des Fracking, das auch als Hydraulic Fracking bezeichnet wird, ist Colonel Edward A. L. Roberts. Roberts beschreibt seine Erfindung in dem Patent US 59936, das am 20. November 1866 erteilt wurde. In diesem Patent wird ein Verfahren zum Fördern von Erdöl und Erdgas beschrieben, bei dem zunächst ein Zylinder, der mit

[33] DPMA, https://depatisnet.dpma.de/DepatisNet/depatisnet?action=pdf&docid=DE000003825293C2&xxxfull=1, abgerufen am 29.4.2025.

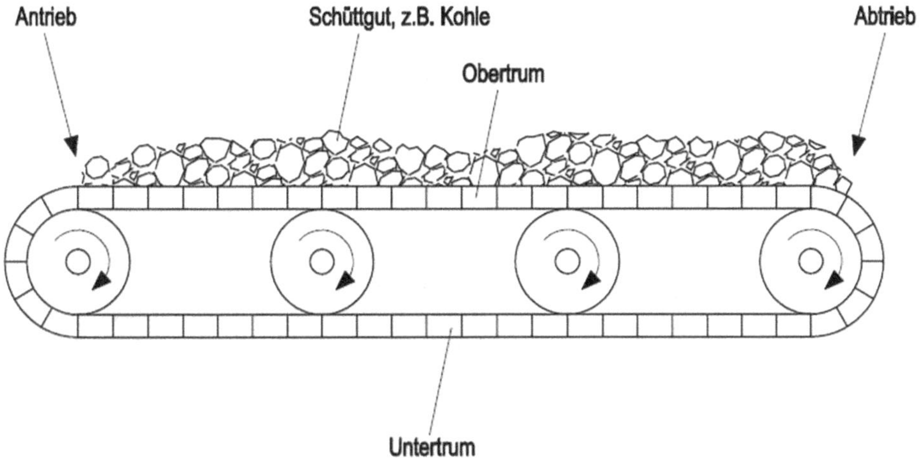

Abb. 2.23 Kettenkratzförderer

Abb. 2.24 Fig. 1 der DE3825293C2[34]

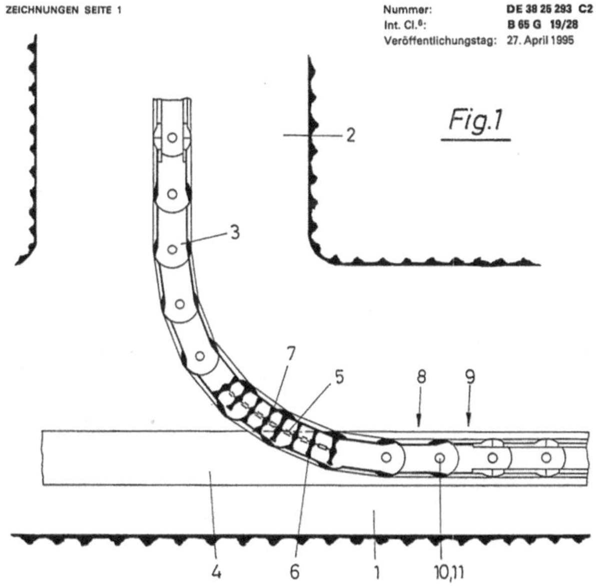

Sprengstoff gefüllt ist, in ein Bohrloch abgelassen wird. Das Bohrloch wird danach mit Wasser aufgefüllt, um den Effekt der Sprengung zu verstärken. Schließlich wird der Explosivstoff gezündet, wodurch das zu fördernde Öl bzw. Gas freigesetzt wird und entlang des Bohrlochs hochströmt.

---

[34] DPMA, https://depatisnet.dpma.de/DepatisNet/depatisnet?action=pdf&docid=DE000003825293C2&xxxfull=1, abgerufen am 16.4.2025.

Der einzige Anspruch des Patents lautet:

> *„The above-described method of increasing the productiveness of oil-wells by causing an explosion of gunpowder or its equivalent, substantially as above described.“*[35]

Der Anspruch beschreibt, dass durch eine Explosion in einem Bohrloch die Förderung von Öl und Gas gesteigert wird.

Die Abb. 2.25 zeigt in den Fig. 2 und 3 den torpedoförmigen Zylinder a mit abgerundeten Enden, der mit explosiven Stoffen gefüllt ist.

Floyd Farris entwickelte das Fracking weiter. Halliburton Oil Well Cementing Company erwarb die Rechte des weiterentwickelten Verfahrens von Farris und wendete das Hydraulic Fracking weltweit an. Das Patent US 2410278, das am 29. Oktober 1946 erteilt wurde, beschreibt ein erfindungsgemäßes Verfahren von Farris zur Feststellung ob und insbesondere ab welcher Höhe Wasser in einem Bohrloch ist. Hierdurch kann ermittelt werden, wieviel Wasser in das Bohrloch eingefüllt werden muss, um die Sprengung vorzubereiten.

Der Hauptanspruch des Patents lautet:

> *„A method of determining the location of a zone of water ingress into an oil or gas well comprising conditioning said well to remove water from the producing section thereof, preventing the ingress of fluids from well formations into said well during said conditioning, thereafter causing ingress of fluids from said well formations by producing said well entrapping for an appreciable period of time a substantial portion of water being produced in each of a plurality of adjacent vertically disposed zones in said well at stationary points disposed at the lower boundary of each of said zones and effecting a change in an electrical characteristic at the surface of the well by the entrapment of a plurality of drops of water at any one of said points.“*[36]

Der Anspruch beschreibt ein Verfahren, um den Wasserstand in einem Bohrloch zu bestimmen bzw. diesen derart zu ändern, dass das Fracking wirkungsvoll durchgeführt werden kann.

Die Abb. 2.26 zeigt in der Fig. 1 ein Bohrloch 11, das ausgehend von der Erdoberfläche 12 in die Schichten 13 bis 18 reicht. Zur Messung, ob und ab welcher Höhe bereits Wasser in dem Bohrloch vorhanden ist, wird eine Vorrichtung 27 in das Bohrloch abgelassen. An dem unteren Ende der Vorrichtung 27 sind Leitfähigkeitssensoren 28 in Reihe geschaltet. Wasser im Bohrloch führt dazu, dass die Sensoren Leitfähigkeit feststellen, sodass anhand der Anzahl der kurzgeschalteten Sensoren errechnet werden kann, welche Höhe das Wasser erreicht. Die Fig. 2 zeigt die einzelnen Leitfähigkeitssensoren, die im

---

[35] DPMA, https://depatisnet.dpma.de/DepatisNet/depatisnet?action=pdf&docid=US000000059936A&xxxfull=1, abgerufen am 30.4.2025.

[36] DPMA, https://depatisnet.dpma.de/DepatisNet/depatisnet?action=pdf&docid=US000002410278A&xxxfull=1, abgerufen am 30.4.2025.

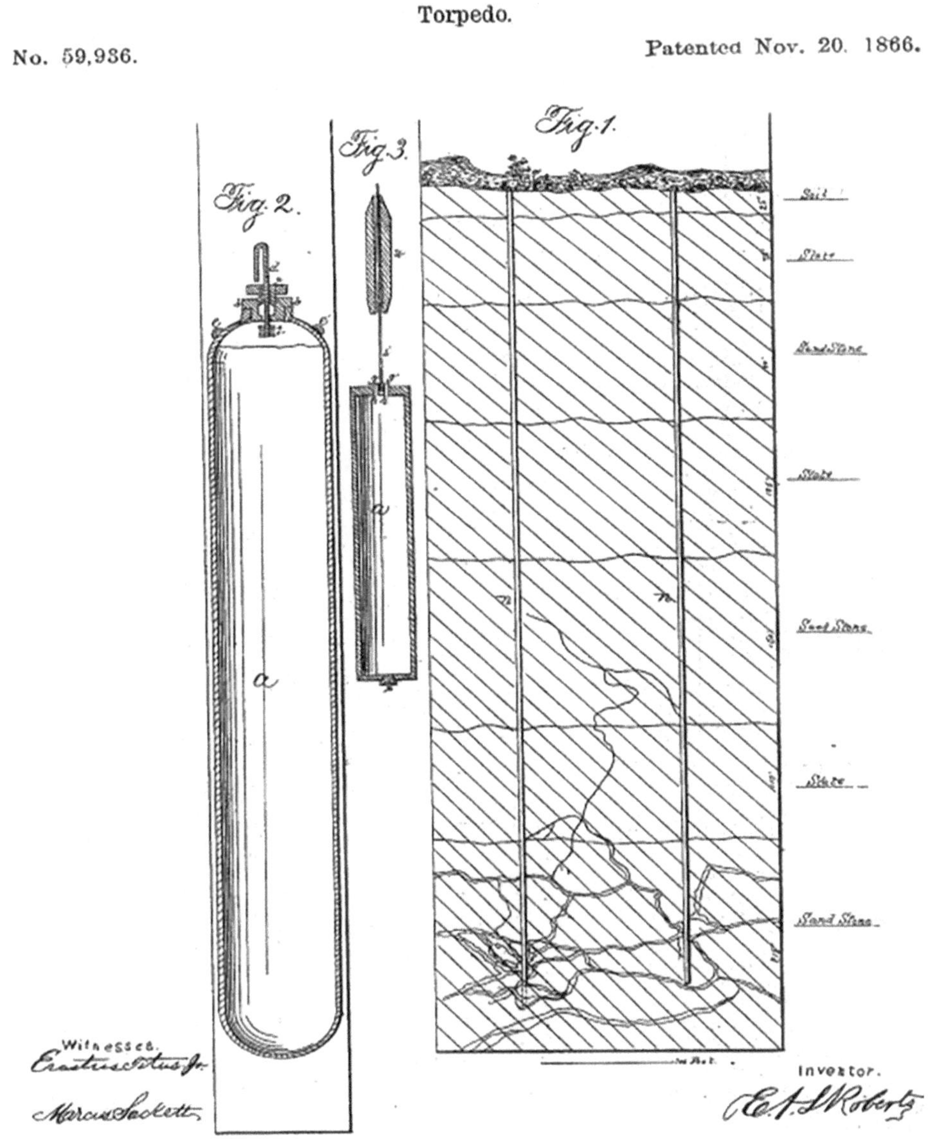

Abb. 2.25 Fig. 1 bis 3 der US59936[37]

[37] DPMA, https://depatisnet.dpma.de/DepatisNet/depatisnet?action=pdf&docid=US000000059936A&xxxfull=1, abgerufen am 16.4.2025.

Wesentlichen aus zwei gegenüberliegenden Metallteilen bestehen, an denen eine elektrische Spannung anliegt. Dringt Wasser in den metallischen Trichter 38 ein und füllt diesen auf, wird eine elektrische Verbindung zwischen dem metallischen Trichter 38 und dem metallischen Kontakt 39 hergestellt und es fließt ein Strom. Fließt in vielen Sensoren ein Strom ergibt sich ein hoher Strom und der Wasserspiegel in dem Bohrloch 11 liegt weit oben.

Die Abb. 2.27[38] stellt das elektronische Ersatzschaltbild der erfinderischen Vorrichtung dar, wobei jeder einzelne Leitfähigkeitssensor durch eine Kombination eines Widerstands 43 und eines Kondensators 39 dargestellt ist.

2.15 Abpumpen vor dem Gefrieren

Das Patent DE 34268 des Erfinders Friedrich Hermann Poetsch, das am 6. August 1885 erteilt wurde, beschreibt ein Verfahren zum Abpumpen von Wasser aus einem Bergwerksschacht, um danach gemäß dem Gefrierschachtverfahren desselben Erfinders eine Gefrierung vorzunehmen, wodurch lockere Gebirgs- und Sandschichten fest, wasserundurchlässig und formbar werden.[39]

Der Hauptanspruch des Patents lautet:

> *„Bei Anwendung der Poetsch'schen Gefriermethode die Benutzung der Gefrierröhren a a... theilszum Auspumpen des Terrains mittelst eingesenkter Saug- und Druckpumpen p p, oder mittelst Strahlapparate, Wasserschnecken u.s.w., Fig. 1, theils als Träger oder Säulen für Bauten im offenen Wasser durch Verstärkung mittelst Cementausgusses oder mittelst Einsetzens von Säulen, Fig. 2.“*[40]

Der Anspruch beschreibt die Doppeltnutzung der Gefrierrohre sowohl für das Gefrieren der Sandschichten als auch zuvor für ein Auspumpen.

Die Abb. 2.28[41] zeigt in der Fig. 1 die Gefrierrohre a, in die Saugrohre abgesenkt werden, um den Schacht leer zu pumpen.

---

[38] DPMA, https://depatisnet.dpma.de/DepatisNet/depatisnet?action=pdf&docid=US000002410278A&xxxfull=1, abgerufen am 30.4.2025.

[39] Wikipedia, https://de.wikipedia.org/wiki/Gefrierverfahren, abgerufen am 1.5.2025.

[40] DPMA, https://depatisnet.dpma.de/DepatisNet/depatisnet?action=pdf&docid=DE000000034268A&xxxfull=1, abgerufen am 1.5.2025.

[41] DPMA, https://depatisnet.dpma.de/DepatisNet/depatisnet?action=pdf&docid=DE000000034268A&xxxfull=1, abgerufen am 17.4.2025.

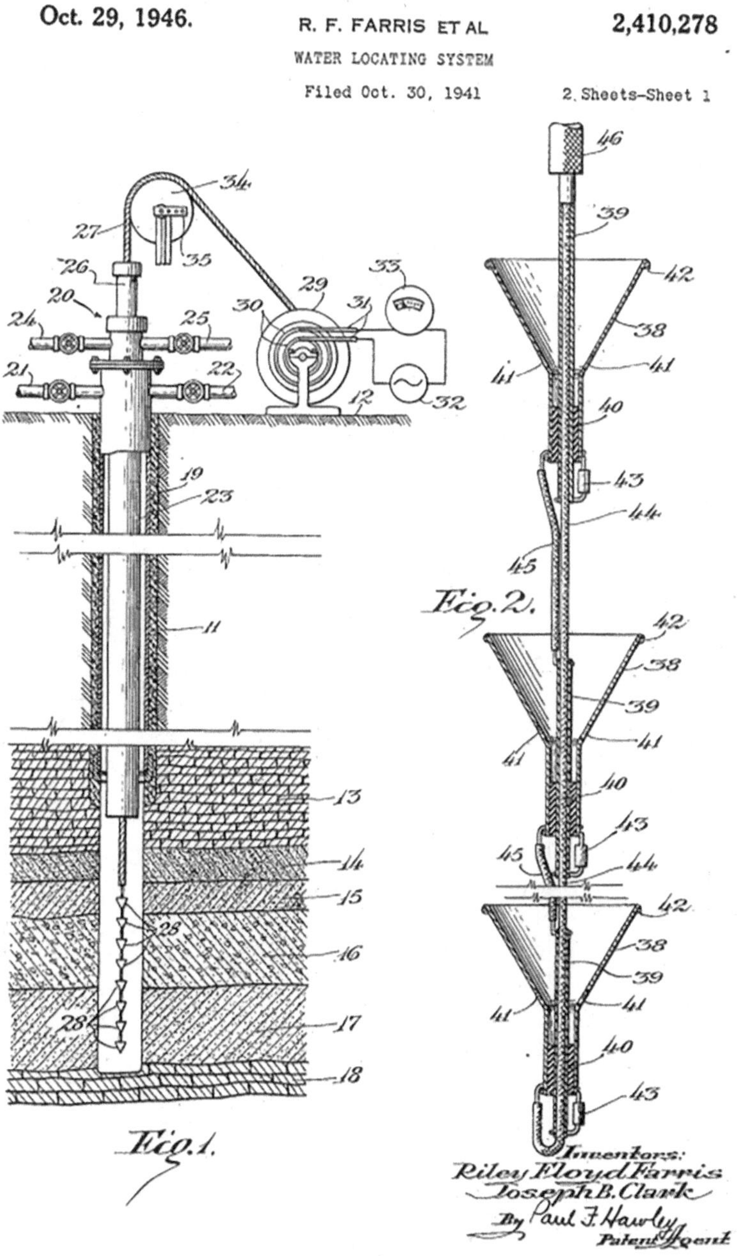

Abb. 2.26 Fig. 1 und 2 der US2410278[42]

[42] DPMA, https://depatisnet.dpma.de/DepatisNet/depatisnet?action=pdf&docid=US000002410278A&xxxfull=1, abgerufen am 30.4.2025.

Abb. 2.27 Fig. 3 der US2410278

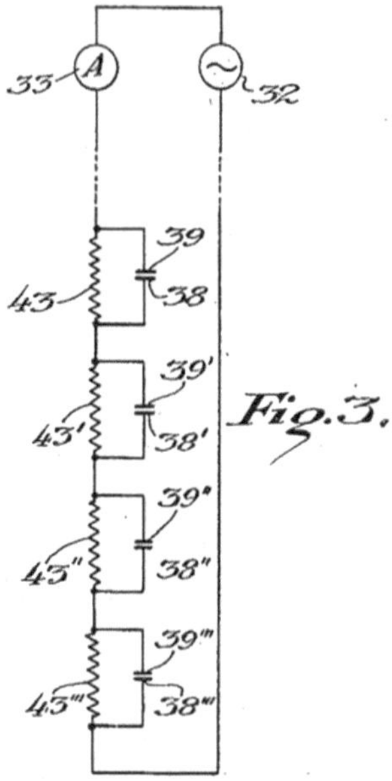

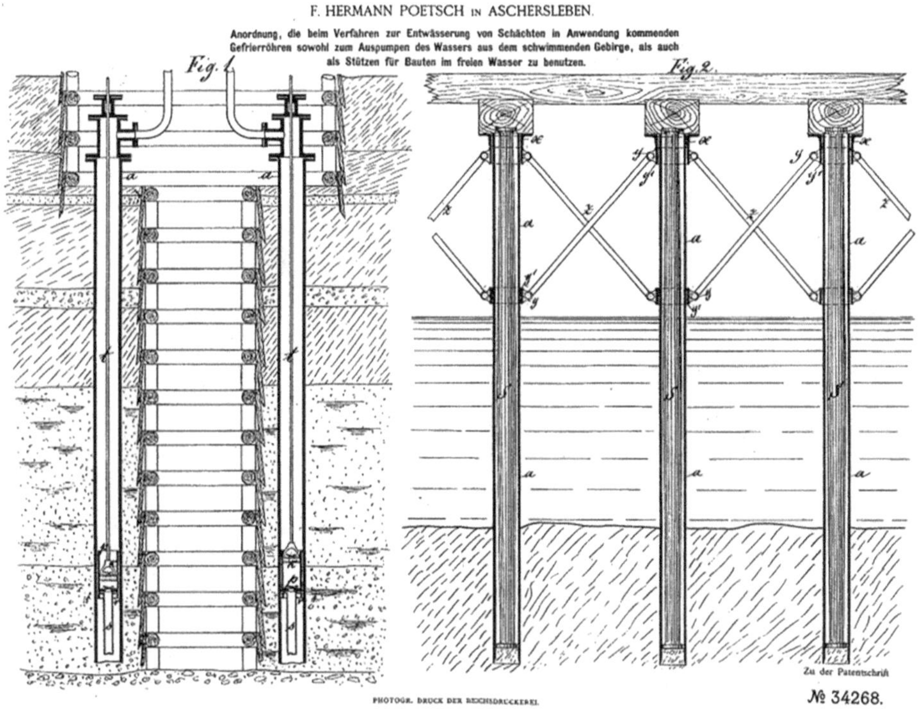

Abb. 2.28 Fig. 1 der DE34268

2.16 Kettenfahrzeuge

Ein Kettenfahrzeug weist ein Kettenfahrwerk auf und wird insbesondere im Tagebau eingesetzt.

Das Patent US 7427, das am 11. Juni 1850 erteilt wurde, beschreibt ein Kettenfahrzeug, das Führungen für Ketten aufweist, damit die Ketten straff gehalten werden.

Der Hauptanspruch des Patents lautet:

„Is the combination of a chain of rollers with broad bearing surfaces running around a stationary rail or track on the carriage with an independent chain, which forms a track for said rollers to travel over when resting on the ground, and which passes around outside a said chain of rollers.“

43

Der Anspruch offenbart die Rollenkette, die für die Räder des Fahrzeugs eine Schiene bzw. Spur bilden, die von dem Fahrzeug ausgerollt und mitgeführt wird. Die Rollenketten eines Kettenfahrzeugs können als flexibel verlegbare Schienen angesehen werden, auf denen die Räder des Kettenfahrzeugs abrollen und die nach der Benutzung aufgerollt und neu verlegt werden.

Die Abb. 2.29[44] zeigt einen Fahrzeugrahmen a, der das tragende Gerüst des Kettenfahrzeugs darstellt und einen Dampfkessel und eine Maschinerie trägt. Das erfinderische Kettenfahrzeug ist dampfgetrieben. Es werden Stifte und Nuten beschrieben, die ineinander greifen und damit sicherstellen, dass die Rollen und die Ketten verbunden bleiben.

Das Patent US 674737, das am 21. Mai 1901 erteilt wurde, beschreibt ein weiteres dampfgetriebenes Kettenfahrzeug.

Der Hauptanspruch des Patents lautet:

„In a traction-engine, the combination, substantially as described, with an engine provided with a driving-shaft having a pinion keyed on each end, of a pair or traction members each comprising a framework in which said driving-shaft is journaled, a pair of cogged driving-wheels journaled in said frame, and positioned so that one of said driving-wheels meshes with one of said pinions on said driving-shaft, a flexible traction-belt composed of racked sections pivoted together, and arranged to mesh with said driving-wheels, and a pair of roller-belts mounted to support the weight of the machine and make a rolling contact with said traction-belt.“[45]

[43] DPMA, https://depatisnet.dpma.de/DepatisNet/depatisnet?action=pdf&docid=US000000007427A&xxxfull=1, abgerufen am 1.5.2025.

[44] DPMA, https://depatisnet.dpma.de/DepatisNet/depatisnet?action=pdf&docid=US000000007427A&xxxfull=1, abgerufen am 17.4.2025.

[45] DPMA, https://depatisnet.dpma.de/DepatisNet/depatisnet?action=pdf&docid=US000000674737A&xxxfull=1, abgerufen am 1.5.2025.

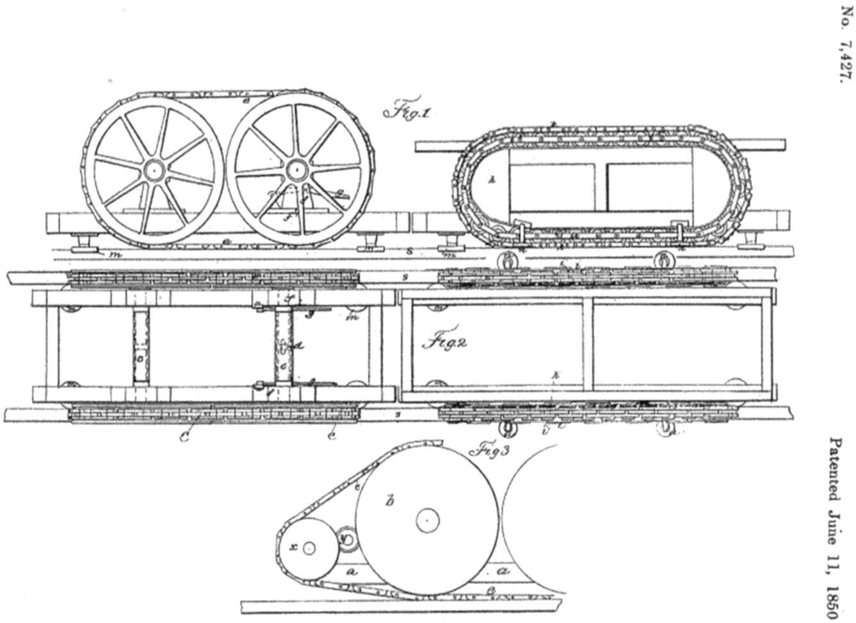

Abb. 2.29 Fig. 1 bis 3 der US7427

Der Anspruch beschreibt, dass eine Dampfmaschine ein Antriebsrad direkt antreibt und dieses Antriebsrad mit den anderen Rädern mittels eines Riemens verbunden ist, sodass vorteilhafterweise direkt bzw. indirekt sämtliche Räder als Antriebsräder genutzt werden. Außerdem ist erfindungsgemäß eine Rollenkette vorhanden, auf der die Räder fahren und die die flexible Schienen der Räder darstellt.

Die Abb. 2.30 zeigt gezahnte Räder 8 und 9, die in einen Rollenriemen 10 eingreifen. Außerdem ist ein innerer Gurt 11 vorgesehen, der die gezahnten Räder 8 und 9 durch eine Dampfmaschine antreibt, sodass vorteilhafterweise mehrere Räder als Antriebsräder genutzt werden.

Das Patent US 874008, das am 17. Dezember 1907 erteilt wurde, stammt von Benjamin Holt, der die Firma The Holt Manufacturing Company gründete.[46] Die Firma von Benjamin Holt zusammen mit dem Unternehmen eines Wettbewerbers wurden später zur Caterpillar Inc. Die Caterpillar Inc. ist der weltweit größte Hersteller von über- und untertägigen Bergbaumaschinen und erwirtschaftete im Jahr 2023 einen Umsatz von ca. 67 Mrd. US-Dollar und beschäftigte ca. 113.200 Mitarbeiter.[47]

Der Hauptanspruch des Patents lautet:

---

[46] Wikipedia, https://de.wikipedia.org/wiki/Holt_Manufacturing_Company, abgerufen am 1.5.2025.

[47] Wikipedia, https://de.wikipedia.org/wiki/Caterpillar, abgerufen am 1.5.2025.

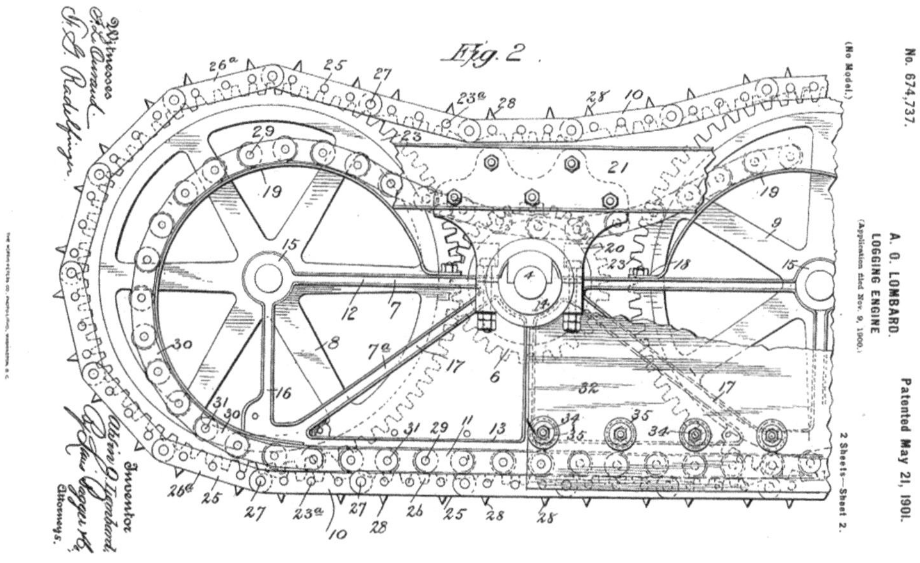

Abb. 2.30 Fig. 2 der US674737[48]

> *„In a traction engine, a main frame, parallel supplemental frames, with rollers mounted between and contiguous to the lower edges of said frames, sprocket-wheels journaled in line between the supplemental frames, a motor carried upon the main frame, and means for transmitting motion there-from to the sprocket-wheels, chains passing around the sprocket-wheels, said chains formed of links having flanged inner edges upon which the bearing-rollers rest, independent platform shoes, and means uniting them to the chain links to form integral endless platforms driven by the sprockets.“*[49]

Der Anspruch beschreibt eine Zugmaschine, die Antriebsräder aufweist, die als Kettenräder ausgebildet sind. Außerdem weist die Zugmaschine zusätzliche Räder auf, die nicht auf Ketten laufen. Das erfindungsgemäße Fahrzeug umfasst einen Motor, der die Kettenräder antreibt.

Die Abb. 2.31 zeigt die erfindungsgemäße Zugmaschine mit angetriebenen Kettenrädern.

[48] DPMA, https://depatisnet.dpma.de/DepatisNet/depatisnet?action=pdf&docid=US000000674737A&xxxfull=1, abgerufen am 17.4.2025.

[49] DPMA, https://depatisnet.dpma.de/DepatisNet/depatisnet?action=pdf&docid=US000000874008A&xxxfull=1, abgerufen am 1.5.2025.

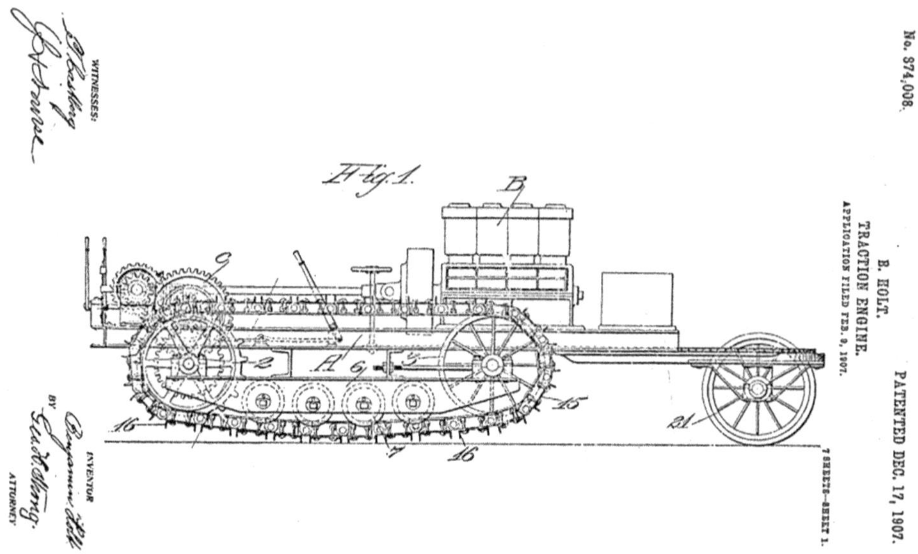

Abb. 2.31 Fig. 1 der US874008[50]

[50] DPMA, https://depatisnet.dpma.de/DepatisNet/depatisnet?action=pdf&docid=US000000874008A&xxxfull=1, abgerufen am 17.4.2025.

3 Erkunden der Meere

Es gibt sogenannte Binnenmeere, die vollständig von Landmassen umschlossen sind, und Meere, die als Ozeane bezeichnet werden. Als Binnenmeere gelten insbesondere das Mittelmeer, das Schwarze Meer und die Ostsee. Die fünf Ozeane sind der Indische, der Pazifische, der Atlantische, der Antarktische und der Arktische Ozean. Die Nordsee ist ein Teil des Atlantischen Ozeans.[1]

3.1 Geschwindigkeitsmessung

Zur Erforschung der Meere war ein korrektes Navigieren unerlässlich. Eine wichtige Voraussetzung hierzu ist die genaue Bestimmung der Geschwindigkeit des eigenen Schiffs. Ein Patentlog ist eine Vorrichtung zum Messen der Geschwindigkeit eines Schiffs. Bei dem Patentlog wird eine Vorrichtung in Form eines Propellers vom Schiff nachgeschleppt, dessen Umdrehungen pro Zeit der Geschwindigkeit des Schiffs entspricht. Nachteilig bei diesem Verfahren ist, dass bei geringer Geschwindigkeit des Schiffs die Messung durch das Patentlog ungenau ist.

Edward John Massey, geboren 1772 und gestorben am 5. Mai 1852, erfand das Patentlog und erwarb dafür 1802 ein Patent. Thomas Ferdinand Walker entwickelte die Patentlogs von Massey weiter und vertrieb sie in seinem Unternehmen, das bis Mitte des 20. Jahrhunderts diese Geräte herstellte.

[1] DPMA, https://de.wikipedia.org/wiki/Meer, abgerufen am 4.5.2025.

T. H. Meitinger, *Pioniere der Tiefe. Hightech in Patenten*,
https://doi.org/10.1007/978-3-662-72152-0_3

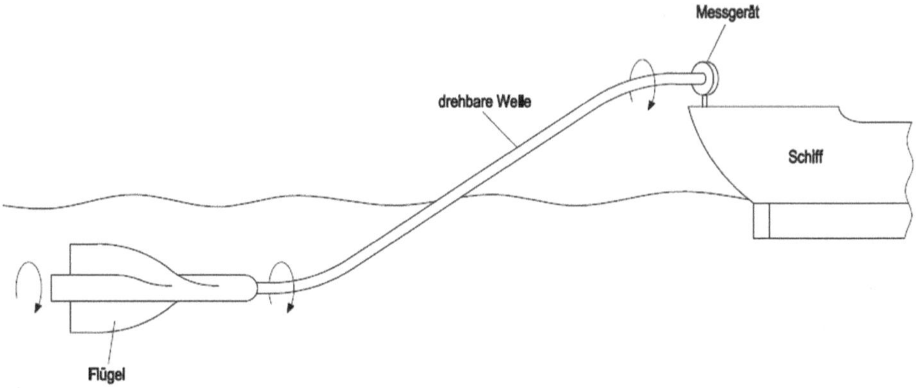

Abb. 3.1 Prinzip des Patentlogs

Das Patentlog war eines der ersten Instrumente, mit dem eine Messung im Meer vorgenommen wurde. Der vorrangige Zweck des Patentlogs war die Messung der Geschwindigkeit eines Schiffs. Allerdings konnten mit dem Patentlog auch Meeresströmungen festgestellt werden.

Die Abb. 3.1 zeigt das Prinzip des Patentlogs, bei dem der Propeller, ein Körper mit Flügeln, vom Schiff nachgeschleppt wird. Die Flügel des Körpers sind derart ausgeformt, dass sie beim Hinterherziehen zu einer Umdrehung des Körpers um seine Längsachse führen. Durch die Umdrehung des Körpers ergibt sich eine Umdrehung der drehbaren Welle, die starr am Körper befestigt ist. Die Umdrehungen der Welle werden von einem Messgerät an Bord des Schiffs gezählt. Eine hohe Anzahl an Umdrehungen bedeutet eine hohe Geschwindigkeit des Schiffs.

Das Patent US 647776, das am 17. April 1900 erteilt wurde, beschreibt ein mechanisches Patentlog, bei dem insbesondere für eine gute Schmierung gesorgt wird, um einen vorzeitigen Verschleiß des Messgeräts auszuschließen.

Der Hauptanspruch des Patents lautet:

„A ship's-log apparatus having a pivotally-mounted barrel or chamber, a back plate secured thereto and constructed with a marginal rabbet, a registering-wheelwork case connected to the back plate, a cover telescoping on said case and provided at one end with an external screw-thread, and a locking-ring constructed with a flange to engage the rabbet of said back plate and an internal screw-thread to engage the external screw-thread of said telescoping cover, for locking the latter in its closed position on the case, substantially as described."[2]

Der Anspruch offenbart detailliert die Messvorrichtung.

[2] DPMA, https://depatisnet.dpma.de/DepatisNet/depatisnet?action=pdf&docid=US000000647776A&xxxfull=1, abgerufen am 2.5.2025.

Die Abb. 3.2 zeigt in der Fig. 2 das Messgerät mit dem Verbindungsstück d, an der die drehbare Welle b befestigt wird. Die Welle b ist in dem Messgerät durch Kugellager K reibungsarm gelagert und treibt einen Zapfen m an, der ein Zahnradwerk ansteuert, das zur Anzeige der Geschwindigkeit mit dem Zeiger C führt.

Die Abb. 3.3 zeigt das Messgerät in einer Ansicht von hinten mit dem Verbindungselement d und in einer Ansicht von vorne mit dem Geschwindigkeitszeiger C.

Das Patent US 701651, das am 3. Juni 1902 erteilt wurde, beschreibt ein elektrisches Patentlog, bei dem elektrische Signale genutzt werden, um die Rotationen der drehbaren Welle festzustellen.

Der Hauptanspruch des Patents lautet:

> *„In a ship's log, the combination with a train of wheelwork, a rotator and connections between the wheelwork and rotator, of an intermittently-operating circuit-closer, a contact-piece cooperating therewith, means operated by the wheelwork for rotating the said circuit-closer, a detent, a spring engaging therewith, a toothed wheel, a stop carried by said means and pins on the said wheel, cooperating with the said detent, a register mechanism, and means for conveying electrical impulses to said mechanism."*[3]

Der Anspruch beschreibt die Übertragung elektrischer Impulse zur Messung der Schiffsgeschwindigkeit.

Die Abb. 3.4 zeigt in der Fig. 16 den rotierenden Körper A, der durch das Hinterherziehen im Wasser zur Umdrehung gebracht wird und damit die Welle B in Drehung versetzt. Die Welle B setzt ein Räderwerk in Gang, wodurch eine Anzeige der aktuellen Geschwindigkeit ermöglicht wird.

Die Abb. 3.5 zeigt das kleine Zahnrad g, dessen schnelle Umdrehungen in langsamere Umdrehungen des großen Zahnrads a gewandelt werden. Auf dem Zahnrad a ist eine Trommel b montiert, die eine Rückstellfeder i aufweist. Die Trommel b ist mit dem Zahnrad a durch Reibung derart (lose) verbunden, dass eine langsame Rotation des Zahnrads a zu einer geringen Drehung der Trommel b führt und eine hohe Geschwindigkeit zu einer größeren Drehung um die Achse c. Die Trommel b kann daher nicht mehr als eine einzige Umdrehung um ihre Achse c ausführen.

Die Abb. 3.6 zeigt in der Fig. 14 Sensoren, die die Ausrichtung der Trommel b feststellen, wobei die Sensoren von einer elektrischen Energiequelle 6 versorgt werden und deren Messergebnisse als Ströme und Spannungen ausgewertet werden.

Das Patent US 1019566, das am 5. März 1912 erteilt wurde, beschreibt eine Vorrichtung zur Messung der Geschwindigkeit eines Schiffs, bei dem die Messvorrichtung ungefähr auf der Höhe des Propellers gehalten wird. Hierdurch können genauere Messergebnisse erzielt werden.

---

[3] DPMA, https://depatisnet.dpma.de/DepatisNet/depatisnet?action=pdf&docid=US000000701651A&xxxfull=1, abgerufen am 2.5.2025.

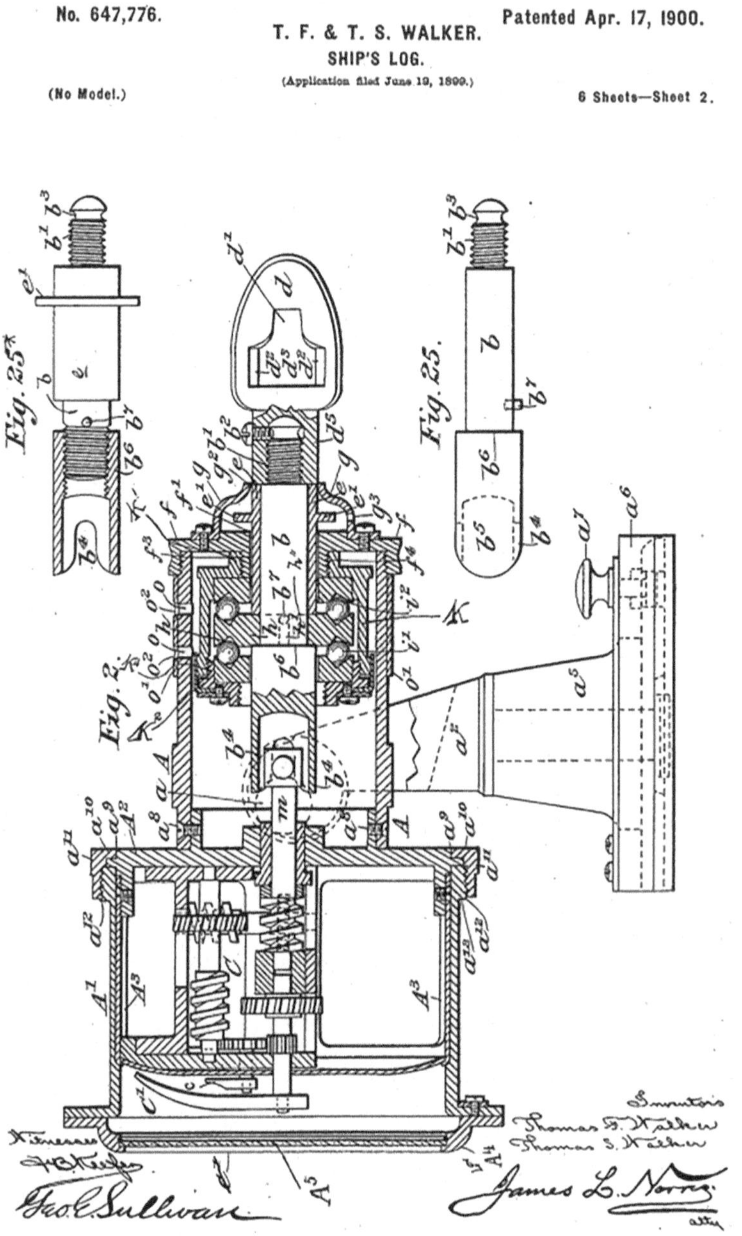

Abb. 3.2 Fig. 2, 25 und 25* der US647776[4]

[4] DPMA, https://depatisnet.dpma.de/DepatisNet/depatisnet?action=pdf&docid=US000000647776A&xxxfull=1, abgerufen am 14.4.2025.

Abb. 3.3 Fig. 3 und 4 der US647776[5]

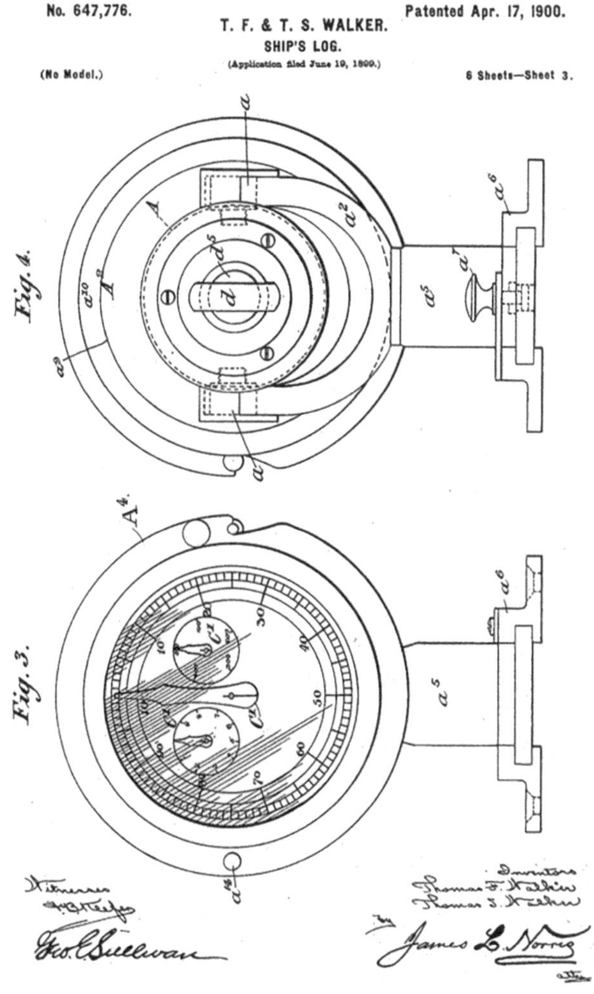

Der Hauptanspruch des Patents lautet:

„A ship's log comprising, in combination, log mechanism, a fly-wheel governor, a shaft for said governor connected to said mechanism, ball bearings supporting said shaft on both sides of said governor, a casing inclosing said mechanism and said governor and shaft, means to rotate said shaft to actuate said mechanism, and means for supporting said casing universally whereby the log may accommodate itself to changes in the direction of the course of the ship."[6]

[5] DPMA, https://depatisnet.dpma.de/DepatisNet/depatisnet?action=pdf&docid=US000000647776A&xxxfull=1, abgerufen am 13.4.2025.

[6] DPMA, https://depatisnet.dpma.de/DepatisNet/depatisnet?action=pdf&docid=US000001019566A&xxxfull=1, abgerufen am 2.5.2025.

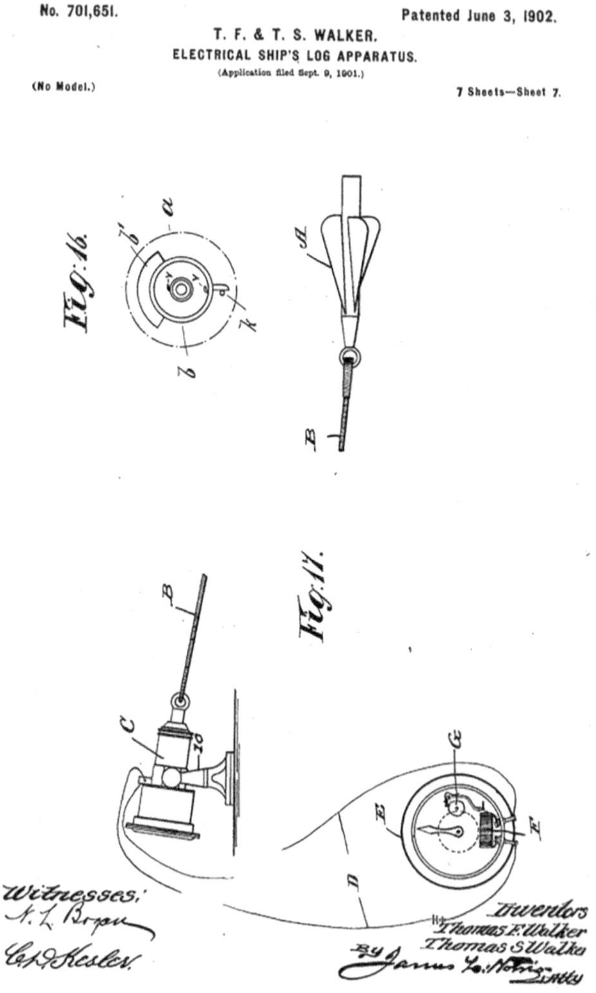

Abb. 3.4 Fig. 16 und 17 der US701651[7]

Die Abb. 3.7 zeigt das Messgerät q, das nur wenig über der Wasseroberfläche gehalten wird, damit der Propeller f und das Messgerät q ungefähr auf einer Ebene angeordnet sind.

[7] DPMA, https://depatisnet.dpma.de/DepatisNet/depatisnet?action=pdf&docid=US000000701651A&xxxfull=1, abgerufen am 14.4.2025.

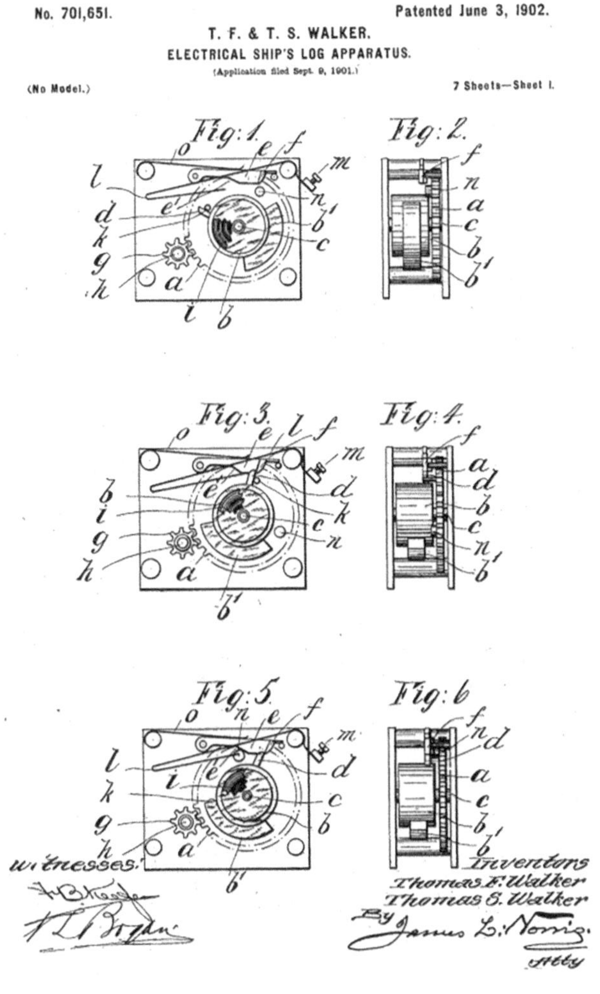

Abb. 3.5 Fig. 1 bis 6 der US701651[8]

3.2 Bergen eines gesunkenen Schiffs

Das Patent US 143056, das am 23. September 1873 erteilt wurde, beschreibt ein Verfahren zum Bergen eines gesunkenen Schiffs, wobei an einem Seil, das mit dem gesunkenen Schiff verbunden ist, mit Luft gefüllte und abgedichtete Fässer zum Schiff gebracht werden. Durch die luftgefüllten Fässer erhält das Schiff Auftrieb und steigt zur Wasseroberfläche auf.

Der Hauptanspruch lautet:

[8] DPMA, https://depatisnet.dpma.de/DepatisNet/depatisnet?action=pdf&docid=US000000701651A&xxxfull=1, abgerufen am 17.4.2025.

Abb. 3.6 Fig. 14 und 15 der US701651[9]

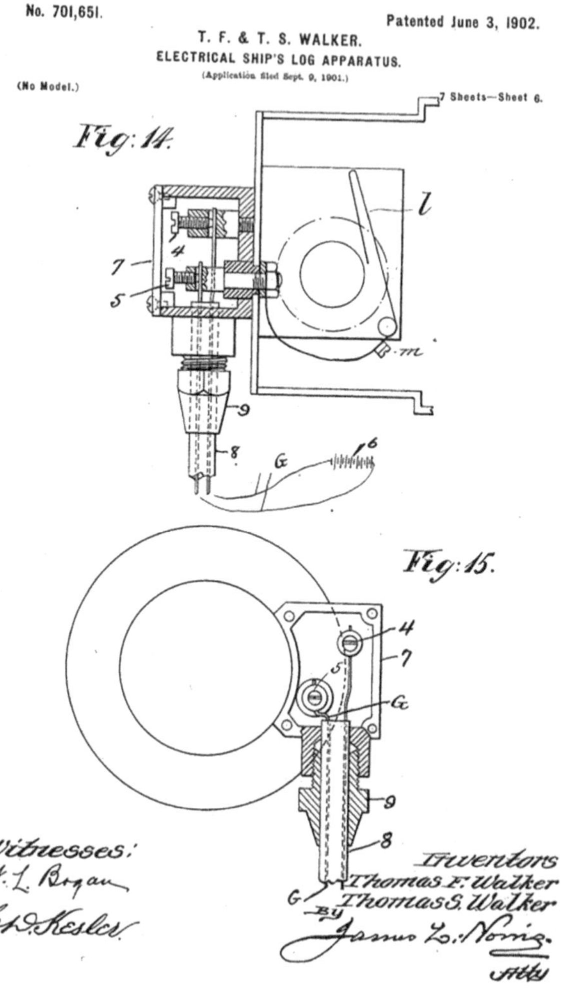

„*In combination with the vessel A, the windlass B, rope C, pulley a, and hooks d, as described, the rope acting to draw the barrel down through the water, substantially as specified.*"[10]

Der Anspruch beschreibt das erfinderische Verfahren, bei dem mit einem Seil, das am gesunkenen Schiff befestigt ist, luftgefüllte und abgedichtete Fässer zum Schiff gezogen werden.

[9] DPMA, https://depatisnet.dpma.de/DepatisNet/depatisnet?action=pdf&docid=US000000701651A&xxxfull=1, abgerufen am 17.4.2025.

[10] DPMA, https://depatisnet.dpma.de/DepatisNet/depatisnet?action=pdf&docid=US000000143056A&xxxfull=1, abgerufen am 2.5.2025.

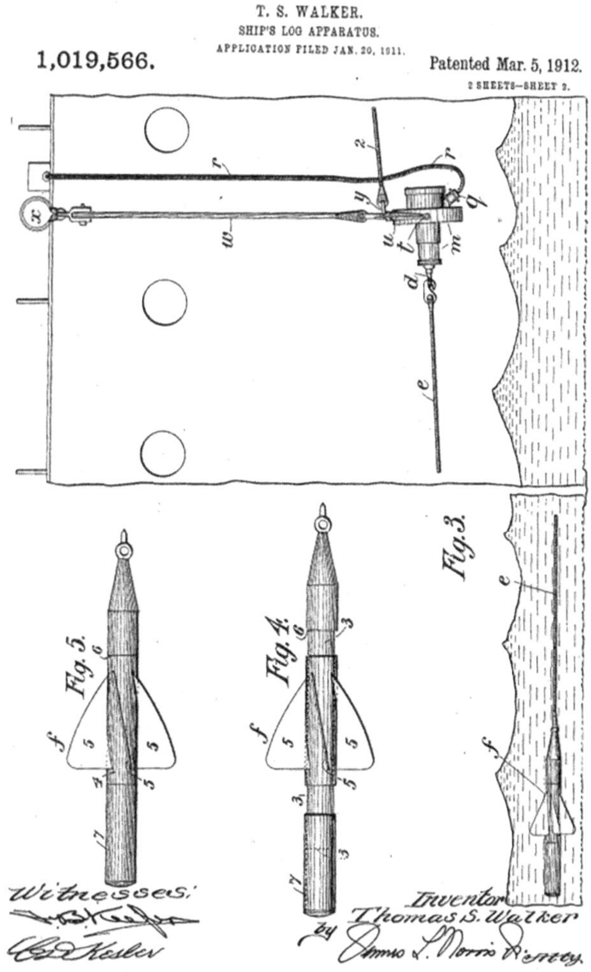

Abb. 3.7 Fig. 3 bis 5 der US1019566[11]

Die Abb. 3.8 zeigt das gesunkene Schiff A′, an dem eine Seilwinde a befestigt ist, sodass mit einem Seil ein Fass D zum Schiff gezogen werden kann.

3.3 Echolot

Mit einem Echolot werden Schallwellen ausgesandt, deren reflektierte Wellen detektiert werden. Die Zeit, die die ausgesandten Schallwellen benötigen, um wieder zum Sender zurück zu gelangen, entspricht der Strecke, die die Schallwellen gelaufen sind. Der

[11] DPMA, https://depatisnet.dpma.de/DepatisNet/depatisnet?action=pdf&docid=US000001019566A&xxxfull=1, abgerufen am 14.4.2025.

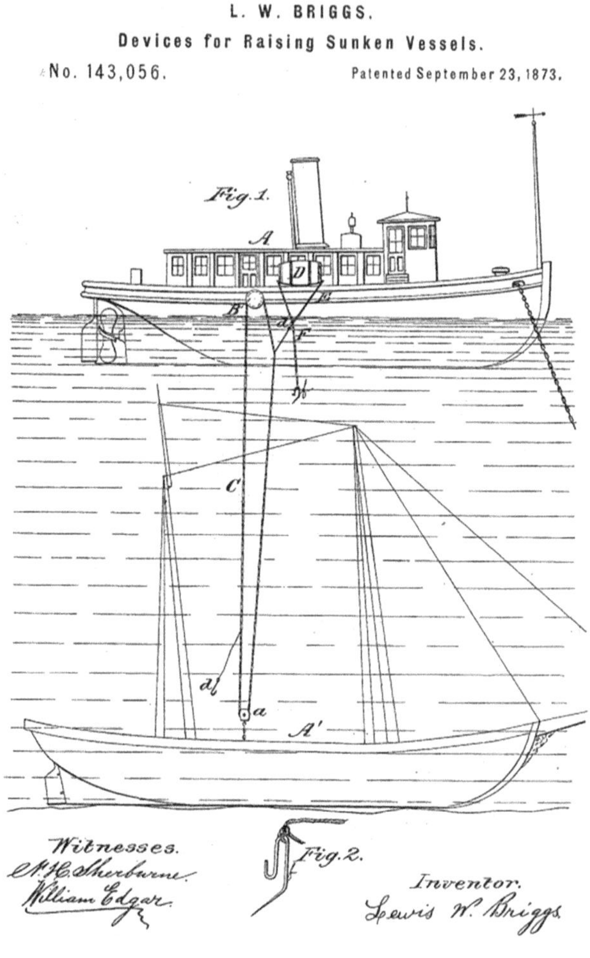

Abb. 3.8 Fig. 2 der US143056[12]

deutsche Physiker Alexander Karl Friedrich Franz Behm, geboren am 11. November 1880 und gestorben am 22. Januar 1952, entwickelte das Echolot, mit dem der Abstand zum Meeresboden vermessen und insbesondere die Meerestiefe ermittelt wird.

Messgerät für Amplituden

In dem Patent DE 182126, das am 11. April 1906 erteilt wurde, beschreibt Alexander Behm ein Verfahren, um die Schwingung eines Körpers, beispielsweise einer Stimmgabel, zu messen. Hierzu wird an dem Körper ein Glasfaden befestigt, an dessen äußeren Ende eine Glaskugel angeordnet ist. Die Glaskugel hat einen sehr geringen Durchmesser von ca. 0,1 mm und dient als Konvex-Spiegel bzw. Linse und erzeugt bei Bestrahlung

[12] DPMA, https://depatisnet.dpma.de/DepatisNet/depatisnet?action=pdf&docid=US000000143056A&xxxfull=1, abgerufen am 12.10.2025.

mit einer Lichtquelle einen Lichtpunkt, der fokussiert ist und dessen Schwingung der Schwingung des Körpers entspricht. Der Vorteil des Verfahrens ist, dass auch bei einer Vergrößerung der Lichtpunkt fokussiert bleibt, sodass eine genaue Messung der Schwingung des Körpers ermöglicht wird.[13] Mit dem Patent DE 182126 hat Alexander Behm daher zunächst die messtechnischen Herausforderungen bewältigt, um in einem nächsten Schritt eine Auswertung reflektierter Schallwellen, deren Schwingungsamplitude sehr klein sein kann, zu ermöglichen.

Der Hauptanspruch des Patents lautet:

> *„Meß- und Registriervorrichtung für Amplituden schwingender Körper, dadurch gekennzeichnet, daß an dem schwingenden Körperein Glasfaden befestigt ist, der am Ende einals Konvex-Spiegel oder Linse wirkendes Glaskügelchen trägt.“*[14]

Der Anspruch beschreibt die Verwendung eines Glaskügelchens zur genauen Messung der Schwingung eines Körpers.

Die Abb. 3.9 zeigt in der Fig. 1 eine Stimmgabel, an deren einem Zinken ein Glasfaden 3 als Verlängerung angeordnet ist. Durch den Glasfaden 3 kann die Schwingung vergrößert werden. Am Ende des Glasfadens 3 befindet sich eine Glaskugel 4, die die Schwingung b des Glasfadens 3 anzeigt. Der Glasfaden 3 und die Glaskugel 4 werden durch Schwingung a der Stimmgabel angeregt und verstärken diese. Alexander Behm ging richtigerweise davon aus, dass zwischen der Schwingung b des Glasfadens 3 und der Glaskugel 4 und der Schwingung a der Stimmgabel ein konstantes Verhältnis besteht.[15] Andernfalls wäre das Messverfahren zur Ermittlung der Schwingung der Stimmgabel ungeeignet.

Messung von Meerestiefen

Das Patent DE 282009, das am 22. Juli 1913 erteilt wurde, beschreibt eine „Einrichtung zur Messung von Meerestiefen und Entfernungen und Richtungen von Schiffen oder Hindernissen mithilfe reflektierter Schallwellen“[16] (Titel der Patentschrift).

Der Hauptanspruch lautet:

> *„Einrichtung zur Bestimmung von Meerestiefen oder von Entfernungen und Richtungen von Schiffen oder Hindernissen mit Hilfereflektierter Schallwellen, dadurch gekennzeichnet, daß*

---

[13] DPMA, https://depatisnet.dpma.de/DepatisNet/depatisnet?action=pdf&docid=DE000000182126A&xxxfull=1, abgerufen am 13.4.2025.

[14] DPMA, https://depatisnet.dpma.de/DepatisNet/depatisnet?action=pdf&docid=DE000000182126A&xxxfull=1, abgerufen am 13.4.2025.

[15] DPMA, https://depatisnet.dpma.de/DepatisNet/depatisnet?action=pdf&docid=DE000000182126A&xxxfull=1, abgerufen am 13.4.2025.

[16] DPMA, https://depatisnet.dpma.de/DepatisNet/depatisnet?action=pdf&docid=DE000000282009A&xxxfull=1, abgerufen am 13.4.2025.

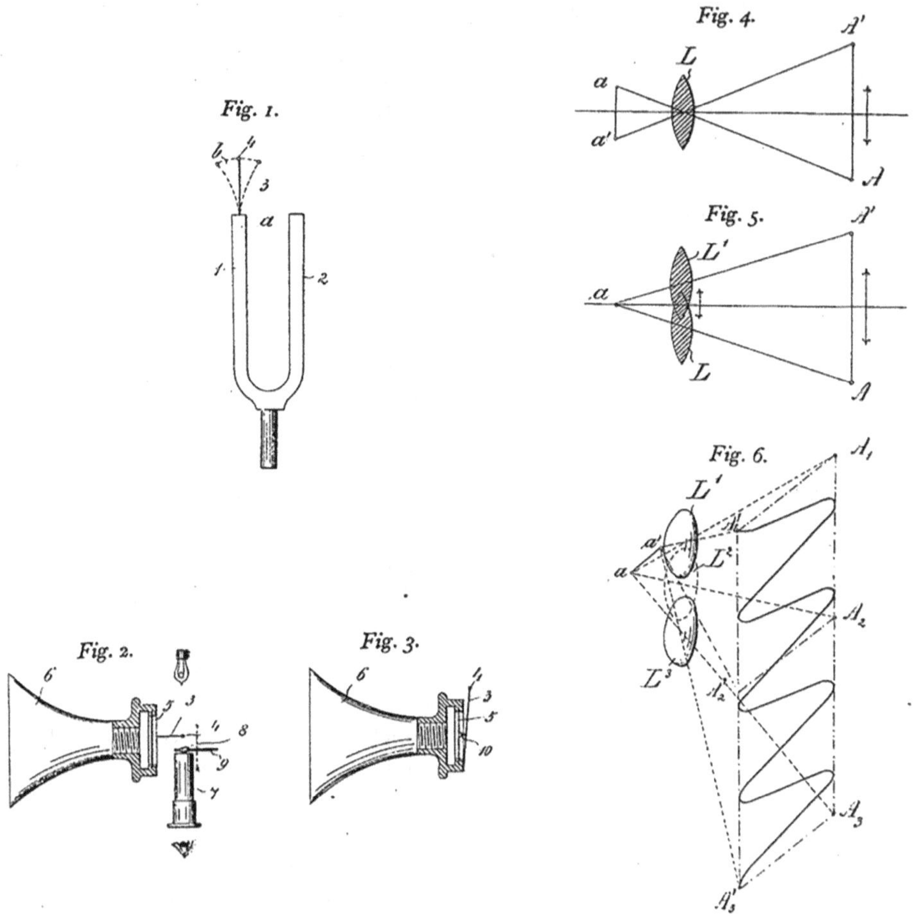

Abb. 3.9 Fig. 1 bis 6 der DE182126[17]

> *Mittel vorgesehen sind, um die Stärke von überder Wasseroberfläche erzeugten und vondem Meeresboden bzw. einem Schiff oder einem sonstigen Hindernis zurückgeworfenen Tönen als Maß für die Bestimmungder Meerestiefe und gegebenenfalls auch zur Bestimmung der Richtung von Hindernissen zu benutzen.*"[18]

Der Anspruch beschreibt, dass die Meerestiefe durch reflektierte Schallwellen bestimmt wird. Genauer gesagt, es wird die Laufzeit der reflektierten Schallwellen bestimmt, um die Meerestiefe zu ermitteln.

[17] DPMA, https://depatisnet.dpma.de/DepatisNet/depatisnet?action=pdf&docid=DE000000182126A&xxxfull=1, abgerufen am 13.4.2025.

[18] DPMA, https://depatisnet.dpma.de/DepatisNet/depatisnet?action=pdf&docid=DE000000282009A&xxxfull=1, abgerufen am 13.4.2025.

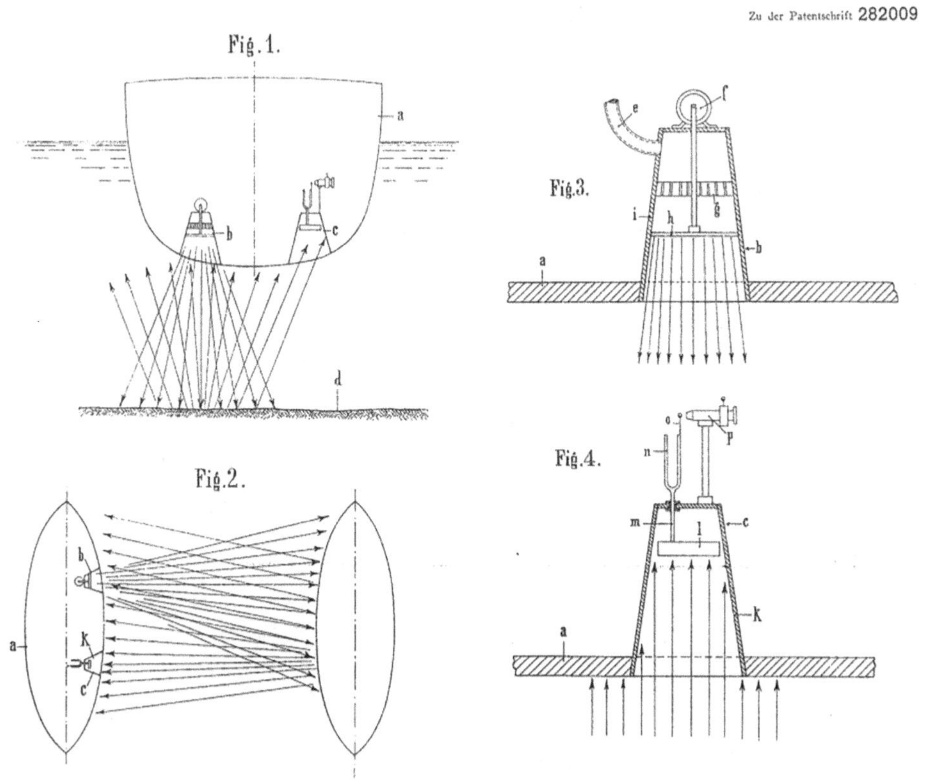

Abb. 3.10 Fig. 1 bis 4 der DE282009[19]

Die Abb. 3.10 zeigt in der Fig. 1 ein Schiff a in einem Querschnitt, das einen Sender b und einen Empfänger c für Schallwellen aufweist. Die Fig. 2 zeigt eine Variante bei der Anwendung der Schallwellen, wobei der Sender b und der Empfänger c seitlich am Schiff a angeordnet sind, sodass sie den Abstand zu einem anderen Schiff ermitteln können.

Die Abb. 3.10 zeigt in der Fig. 3 einen Sender b, der eine „Unterwassersirene" aufweist, die mit Druck arbeitet, wobei über eine Leitung e ein Fluid zugeführt wird, um Schallwellen im Wasser durch die Platte h zu erzeugen. Die Fig. 4 zeigt den Empfänger c mit einer Platte l, der Schwingungen von der Stimmgabel n aufnimmt, die von einem Glasstäbchen, an dessen Ende eine Glaskugel angeordnet ist, verstärkt werden.

Registriereinrichtung für schwingende Körper

Das Patent DE 289883, das am 30. April 1914 erteilt wurde, stellt eine Vorrichtung zur Darstellung der Schwingung eines Körpers zur Verfügung. Alexander Behm beschreibt

[19] DPMA, https://depatisnet.dpma.de/DepatisNet/depatisnet?action=pdf&docid=DE000000282009A&xxxfull=1, abgerufen am 13.4.2025.

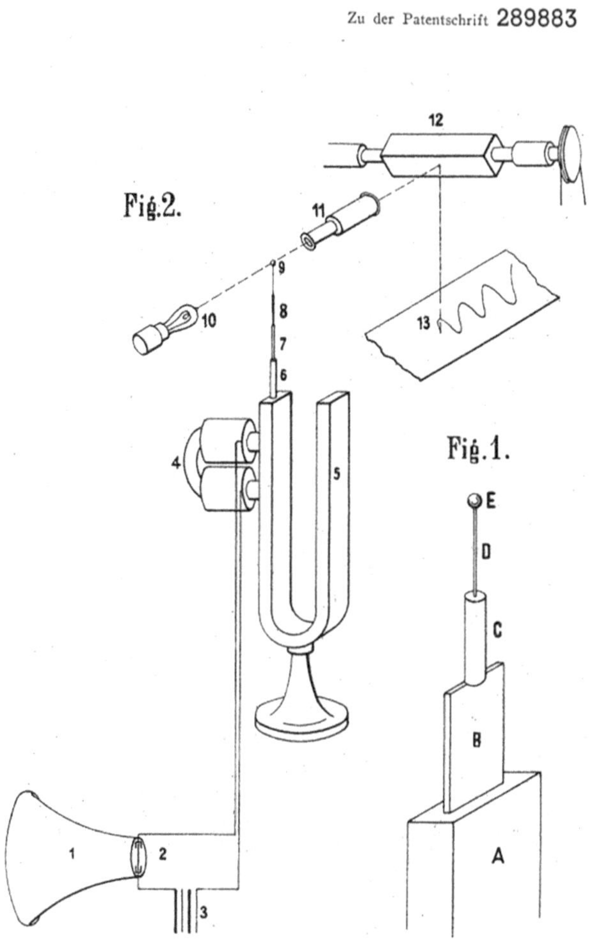

Abb. 3.11 Fig. 1 und 2 der DE289883[20]

in diesem Patent eine Möglichkeit, eine Schwingung zu detektieren und für eine spätere Auswertung zu registrieren.

Der einzige Anspruch des Patents lautet:

> *„Meß- und Registriervorrichtung für schwingende Körper, dadurch gekennzeichnet, daß an dem Körper,dessen Schwingungen gemessen werden sollen, mehrere verschieden abgestimmte*

[20] DPMA, https://depatisnet.dpma.de/DepatisNet/depatisnet?action=pdf&docid=DE000000289883A&xxxfull=1, abgerufen am 13.4.2025.

schwingende Körper verschiedenen Gewichtes befestigt sind, von denen immer der schwerere Körper den leichteren trägt."[21]

Der Anspruch beschreibt eine Aneinanderreihung von Stäben mit unterschiedlichen Gewichten, die zunehmend leichter und dünner ausgebildet sind, sodass eine sehr genaue Messung ermöglicht wird. Alexander Behm arbeitete daher weiter an der Empfindlichkeit seines Empfängers, um genauere Aussagen über die Meerestiefe zu erhalten.

Die Abb. 3.11 zeigt in der Fig. 2 eine Stimmgabel 5, deren Schwingung genau festgestellt wird. Hierzu weist die Stimmgabel an einem Ende ihres Zinkens eine Staffelung von Stäben 6, 7 und 8 unterschiedlichen Durchmessers auf. Am Ende des dünnsten Stäbchens D ist eine Glaskugel 9 angeordnet. Die Glaskugel 9 wird von einer Lichtquelle 10 angeleuchtet und erzeugt so einen Lichtpunkt, der auf einem drehenden Spiegel 12 auf die Unterlage 13 projiziert wird. Die Fig. 1 zeigt eine Variation der „Verlängerung" der Stimmgabel mit einer Platte B und zwei Stäben C und D, wobei am Ende des Stabs D eine Glaskugel E angeordnet ist.

3.4 Torpedo

Das Patent US 388862, das am 4. September 1888 erteilt wurde, beschreibt einen Torpedo.

Die Abb. 3.12 zeigt den Torpedo mit dem Auslösestift H am vorderen Ende des Torpedos, bei dessen Berührung eine Explosion ausgelöst wird. Insbesondere kann hierdurch ein feindliches Schiff beschädigt bzw. versenkt werden.

Der Hauptanspruch des Patents lautet:

„*The device for automatically maneuvering boats, the same consisting of a compass mounted to revolve, mechanism for intermittently operating the same, a disk connected therewith having adjustably mounted stops or pins, a steering mechanism adapted to electrically control the rudder, means for electrically transmitting the vibrations of the compass needle therefrom to the steering mechanism, and means for propelling the boat, whereby it is possible to send the boat out from a station on a predetermined course or courses and to return the boat thereunto, substantially as hereinbefore described.*"[22]

Der Anspruch beschreibt die Verwendung eines Kompasses, wobei je nach Position des Torpedos eine Ansteuerung der Ruder des Torpedos erfolgt. Hierdurch kann der Torpedo eine vorbestimmte Route abfahren, um sein Ziel zu erreichen.

[21] DPMA, https://depatisnet.dpma.de/DepatisNet/depatisnet?action=pdf&docid=DE0000002898 83A&xxxfull=1, abgerufen am 13.4.2025.

[22] DPMA, https://depatisnet.dpma.de/DepatisNet/depatisnet?action=pdf&docid=US0000003888 62A&xxxfull=1, abgerufen am 21.4.2025.

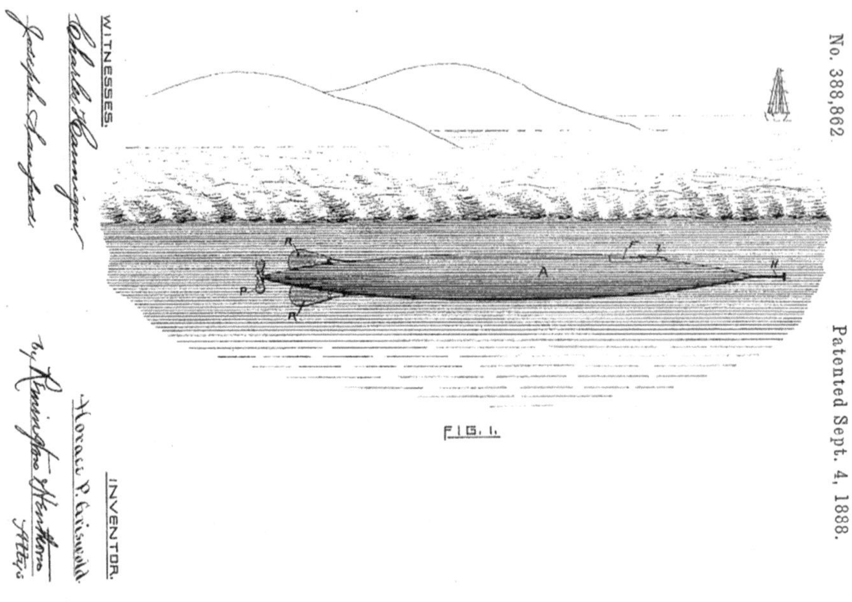

Abb. 3.12 Fig. 1 der US388862[23]

Die Abb. 3.13 zeigt in den Fig. 2 und 3 Längsschnitte, die in einem Verhältnis von 90° zueinander gedreht sind. Es ist insbesondere ein Propeller P am Heck des Torpedos dargestellt, der durch einen Elektromotor angetrieben wird. Der Elektromotor wird von Batterien B und B′ mit elektrischer Energie versorgt. Der Torpedo verfügt außerdem über einen Mechanismus, der eine Ansteuerung der Seitenruder des Torpedos ermöglicht, sodass eine vorprogrammierte Route gefahren werden kann.

Die Abb. 3.14 zeigt eine Fahrtroute des Torpedos, die voreingestellt werden kann, sodass der Torpedo einen vorbestimmten Bereich abfährt, um sein Ziel zu suchen.

3.5 Meeresbauwerk

Es werden zwei Patentschriften vorgestellt, die besondere Schiffe beschreiben, mit denen Meeresbauwerke, beispielsweise eine Ölplattform, errichtet werden.

[23] DPMA, https://depatisnet.dpma.de/DepatisNet/depatisnet?action=pdf&docid=US0000003888 62A&xxxfull=1, abgerufen am 21.4.2025.

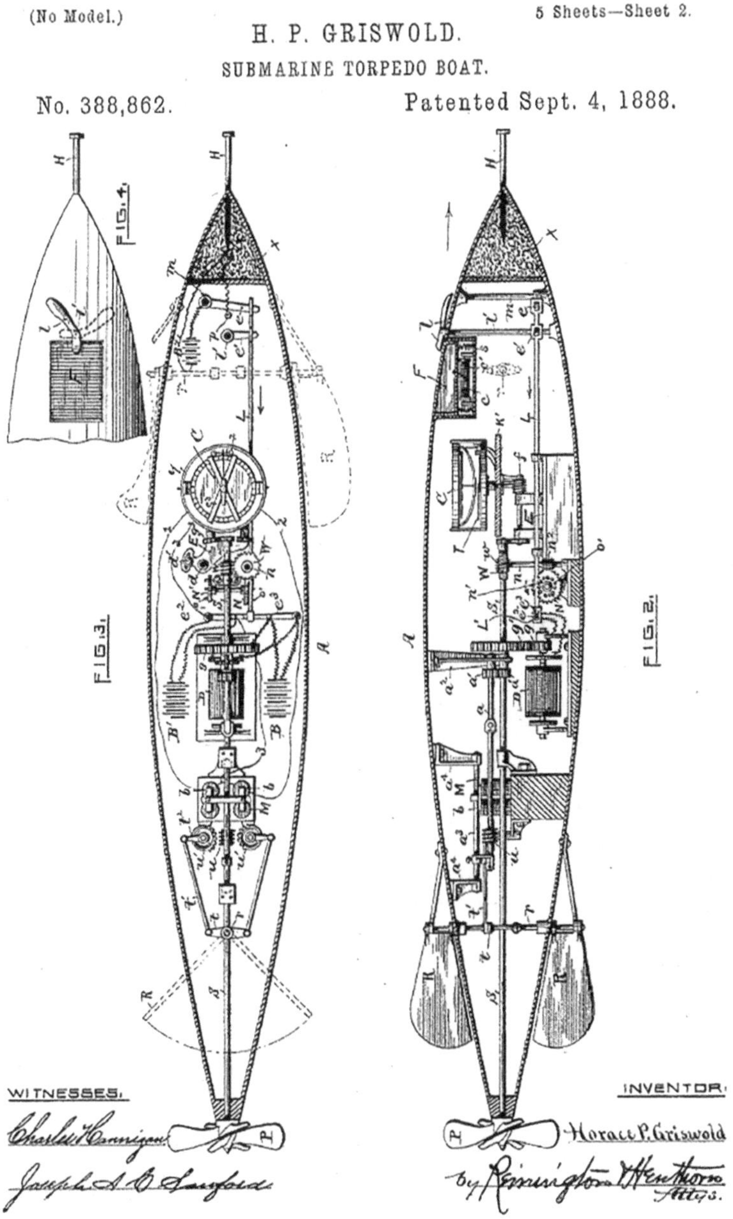

Abb. 3.13 Fig. 2 bis 3 der US388862[24]

---

[24] DPMA, https://depatisnet.dpma.de/DepatisNet/depatisnet?action=pdf&docid=US000000388862A&xxxfull=1, abgerufen am 17.4.2025.

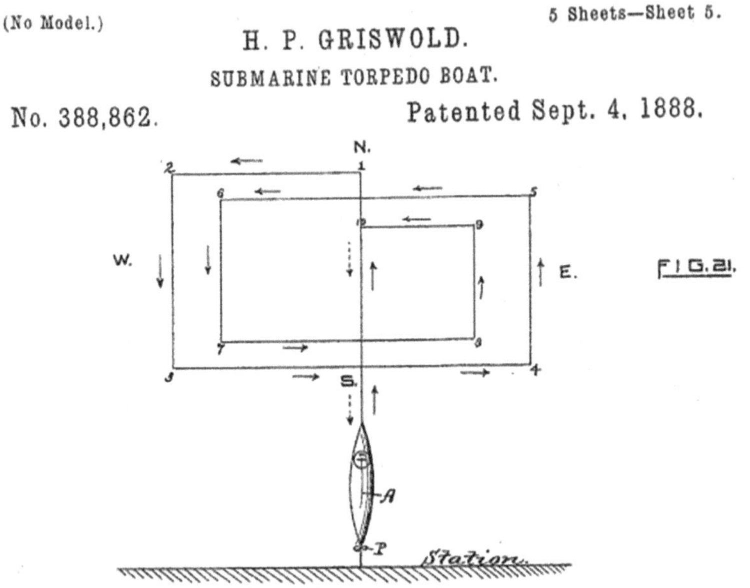

Abb. 3.14 Fig. 21 der US388862[25]

Bau einer Ölplattform

Das Patent WO 1983001932, das am 24. November 1982 angemeldet wurde, beschreibt ein Schiff, aus dem Stelzen nach unten gefahren werden, um das Schiff am Meeresboden zu verankern. Das derart fixierte Schiff kann danach als stabile Arbeitsplattform zur Errichtung einer Ölplattform genutzt werden. Das Besondere der Erfindung ist, dass das Schiff mit den Stelzen über die Wasseroberfläche gehoben werden kann, sodass es auf der Höhe der fertigzustellenden Ölplattform ist. Erfindungsgemäß ist daher kein Kran erforderlich, um Gegenstände von dem Schiff auf die Ölplattform zu schaffen.

Die Abb. 3.15 zeigt in den Fig. 3 bis 6 Stelzen 2 und Mittel 3 zum Ausfahren der Stelzen 2, wodurch das Schiff über die Wasseroberfläche auf die Höhe der Ölplattform gehoben werden kann.

Kran auf einem Schiff

Das Patent DE 600 13 310 T2, das am 28. September 2000 beim Patentamt eingereicht wurde, zeigt ein Schiff, auf dem ein Kran befestigt ist, sodass Meeresbauwerke errichtet werden können.

Der Hauptanspruch lautet:

---

[25] DPMA, https://depatisnet.dpma.de/DepatisNet/depatisnet?action=pdf&docid=US000000388862A&xxxfull=1, abgerufen am 21.4.2025.

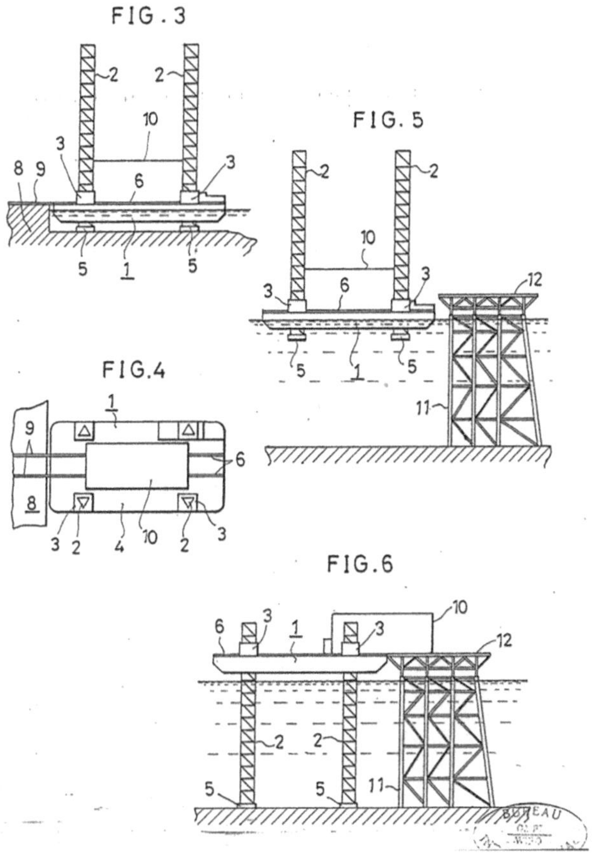

Abb. 3.15 Fig. 3 bis 6 der WO1983001932[26]

„Wasserfahrzeug (1), vorzugsweise ein Schiff, zum Transportieren und Montieren von Strukturen, wobei das Wasserfahrzeug (1) einen Rumpf (2) und wenigstens vier vertikal anhebbare Stützbeine (9) sowie Verschiebeeinrichtungen zum Anheben der Stützbeine (9) umfasst, dadurch gekennzeichnet, dass die Stützbeine (9) in wenigstens zwei Kästen (5) angebracht sind, die durch erste Einrichtungen mit der rechten bzw. linken Seite des Rumpfes (2) verbunden sind, und wobei das Wasserfahrzeug (1) des Weiteren wenigstens einen Kran (11) zum Bewegen und Positionieren der Strukturen unterhalb der Wasserlinie umfasst.“[27]

Der Anspruch beschreibt den Kran auf einem Schiff, um Meeresbauwerke zu errichten.

Die Abb. 3.16 zeigt im Querschnitt das Schiff, auf dem der Kran montiert ist.

[26] DPMA, https://depatisnet.dpma.de/DepatisNet/depatisnet?action=pdf&docid=WO0019830019 32A1&xxxfull=1&famSearchFromHitlist=1, abgerufen am 21.4.2025.

[27] DPMA, https://depatisnet.dpma.de/DepatisNet/depatisnet?action=pdf&docid=DE0000600133 10T2&xxxfull=1, abgerufen am 21.4.2025.

Abb. 3.16 Fig. 2 der DE60013310T2[28]

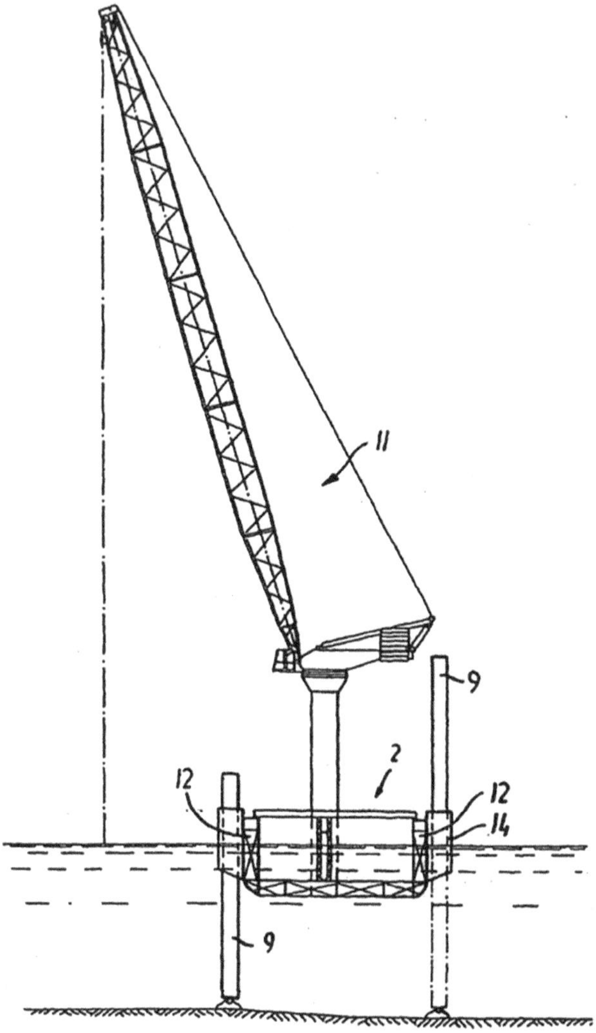

FIG.2

3.6 Rettungsboot

Das Patent US 200347, das am 12. Februar 1878 erteilt wurde, zeigt ein Rettungsboot. Das Rettungsboot weist eine hohe mechanische Stabilität auf und kann daher heftigen Stürmen trotzen. Hierzu ist das Rettungsboot in einer zylindrischen Form ausgestaltet. Das

[28] DPMA, https://depatisnet.dpma.de/DepatisNet/depatisnet?action=pdf&docid=DE000060013310T2&xxxfull=1, abgerufen am 21.4.2025.

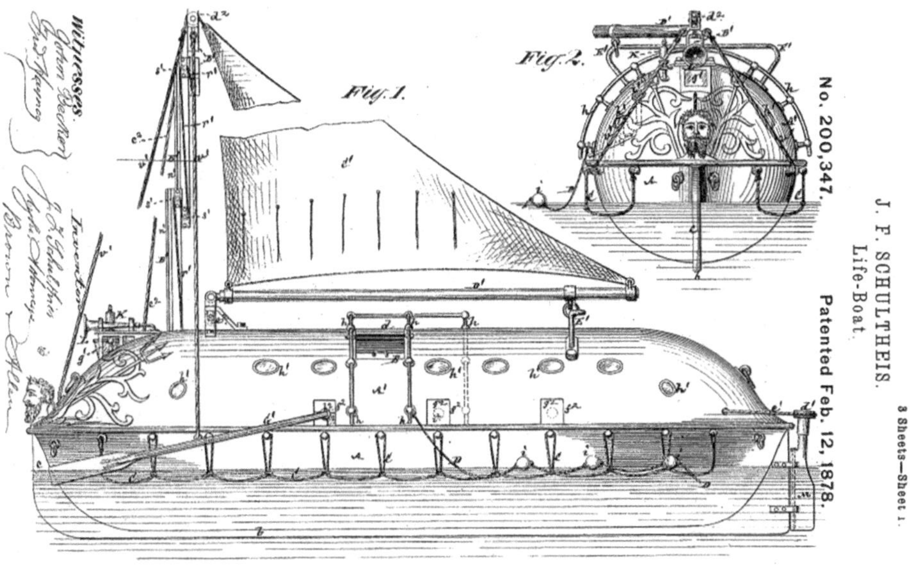

Abb. 3.17 Fig. 1 und 2 der US200347[29]

Rettungsboot weist eigene Antriebs- und Steuerungsmittel auf. Zudem sind signalgebende Vorrichtungen vorhanden, um eine Suchmannschaft auf das Rettungsboot aufmerksam zu machen.

Die Abb. 3.17 zeigt in der Fig. 1 eine seitliche Darstellung und in der Fig. 2 eine Vorderansicht, wobei das Rettungsboot eine vollständig geschlossene Ausformung aufweist, sodass auch durch hohe Wellen kein Wasser in den Rumpf des Bootes eindringen kann. Vorteilhafterweise kann sich das Rettungsboot zudem nach einem Kentern selbsttätig aufrichten. Der Zugang zum Schiffsrumpf ist durch Öffnungen möglich, die durch Schiebetüren B wasserdicht verschlossen werden.

Die Abb. 3.18 zeigt einen Längsschnitt und drei Querschnitte des Rettungsboots. Eine weitere Besonderheit des Bootes ist, dass es einen inneren Hohlraum innerhalb des Rettungsboots gibt, der als Zylinder ausgeformt ist. Der innere Hohlraum ist innerhalb des Bootes derart gelagert, dass Rollbewegungen des Bootes nicht auf ihn übertragen werden. Der Hohlzylinder kann sich daher innerhalb des Schiffsrumpfs drehen und dadurch eine relativ konstante Ausrichtung bewahren. In dem inneren Hohlzylinder ist die Mannschaft untergebracht, sodass diese von einem Taumeln des Rettungsboots bei einem schweren Sturm nur abgemildert betroffen ist.

[29] DPMA, https://depatisnet.dpma.de/DepatisNet/depatisnet?action=pdf&docid=US000000200347A&xxxfull=1, abgerufen am 21.4.2025.

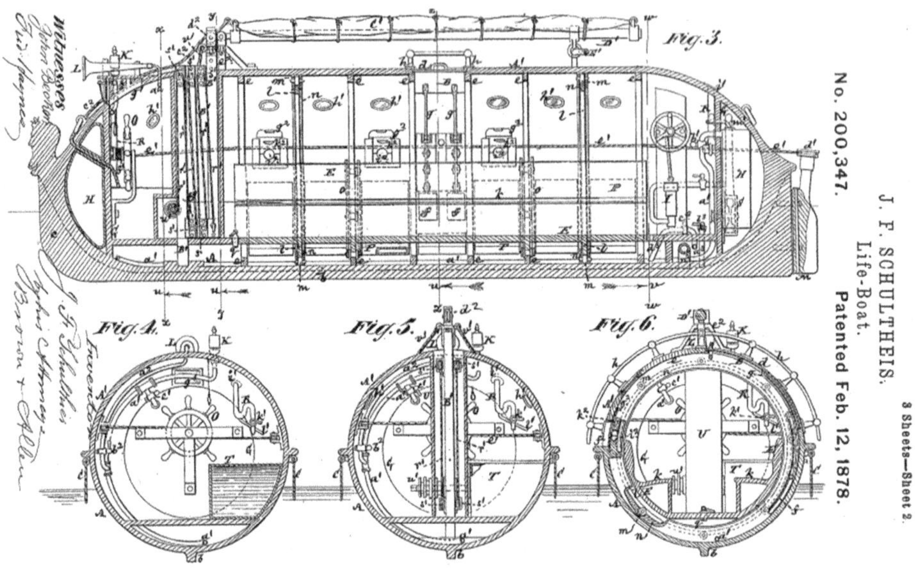

Abb. 3.18 Fig. 3 bis 6 der US200347[30]

3.7 Unterseeboote

Ein Unterseeboot bzw. U-Boot ist für das Fahren unter Wasser geeignet (U-Boote schwimmen nicht, sondern fahren durch das Wasser. Es heißt deswegen auch „U-Boot-Fahrer"). Das erste funktionsfähige U-Boot wurde 1850 von Wilhelm Bauer zu Wasser gelassen.

Unterwasserschiff

Das Patent US 297647, das am 29. April 1884 erteilt wurde, beschreibt eine frühe Konstruktion eines U-Boots.

Die Abb. 3.19 zeigt das Hauptabteil B, in dem ein Elektromotor C untergebracht ist. Außerdem befindet sich in dem Hauptabteil B eine Person zum Steuern des U-Boots. Das U-Boot weist einen Schraubenpropeller F zum Vorwärtsbewegen und einen Schraubenpropeller G zum Aufsteigen auf. Ein Ausstieg aus dem untergetauchten U-Boot ist mittels der Schleusenräume J möglich.

Unterwasser-Torpedoboot

Das Patent US 472670, das am 12. April 1892 erteilt wurde, beschreibt ein Unterwasser-Torpedoboot.

[30] DPMA, https://depatisnet.dpma.de/DepatisNet/depatisnet?action=pdf&docid=US000000200347A&xxxfull=1, abgerufen am 21.4.2025.

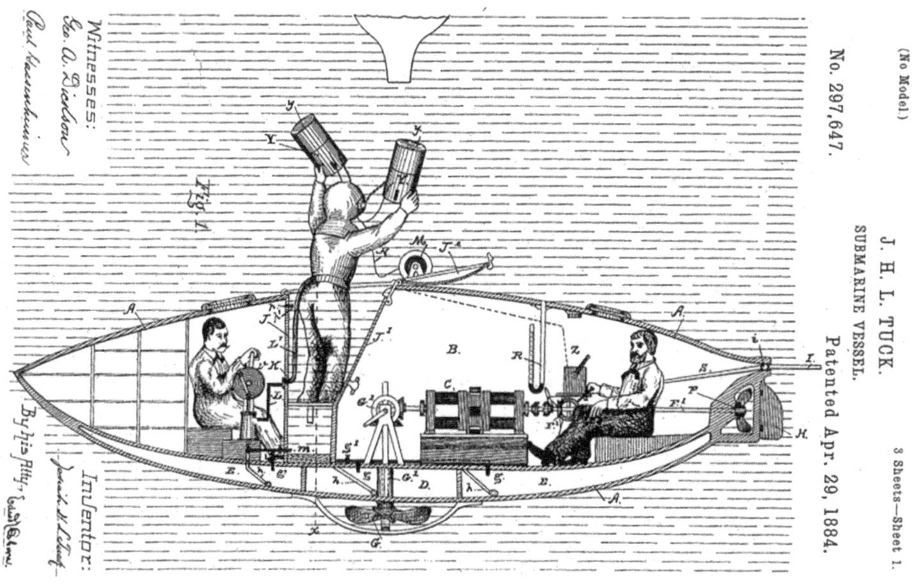

Abb. 3.19 Fig. 1 der US297647[31]

Der Hauptanspruch des Patents lautet:

> *„A torpedo or gun boat provided with means for completely submerging its hull and having mounted on its hull, at its center, a hollow armored air-tight caisson surrounding the smoke-stack, air-shaft, and companionway, and having also mounted on its hull an inclosed superstructure having comparatively small apertures for the admission of water, the said caisson serving to suspend the submerged boat by its buoyancy, and the said superstructure serving to gradually retard the sinking of the hull while being submerged.“*[32]

Das im Anspruch beschriebene „U-Boot“ ist nur in der Lage seinen Rumpf unter die Wasseroberfläche abzusenken. Ein vollständiges Untertauchen ist nicht möglich.

Die Abb. 3.20 zeigt Maschinen 2, die Schiffsschrauben 1 antreiben. Das Boot wird von einer Dampfmaschine angetrieben und weist daher einen Schornstein 4 auf. Das Boot umfasst eine Schnellfeuerkanone 9 und Wasserkanonen 8. In der Mitte des U-Boots befindet sich ein Beobachtungsturm 16 für den Steuermann.

[31] DPMA, https://depatisnet.dpma.de/DepatisNet/depatisnet?action=pdf&docid=US000000297647A&xxxfull=1, abgerufen am 22.4.2025.

[32] DPMA, https://depatisnet.dpma.de/DepatisNet/depatisnet?action=pdf&docid=US000000472670A&xxxfull=1, abgerufen am 2.5.2025.

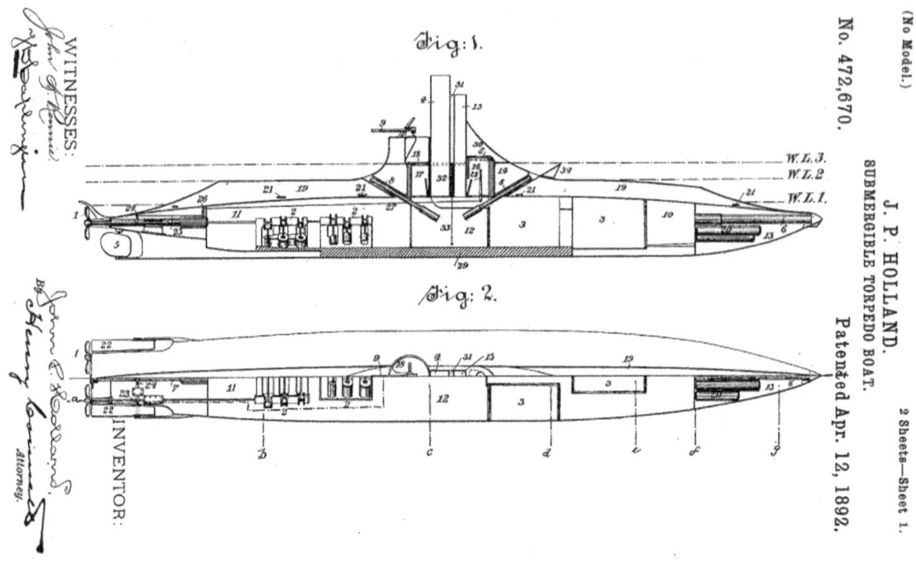

Abb. 3.20 Fig. 1 und 2 der US472670[33]

Unterwasserfahrzeug

Das Patent US 581213, das am 20. April 1897 erteilt wurde, stellt im Wortsinne ein Unterwasserfahrzeug dar, da es unter Wasser auf dem Meeresboden mit seinen Rädern fahren soll.

Der Hauptanspruch des Patents lautet:

> „*In a submarine vessel provided with means for propelling the same, the combination of oscillatory vanes arranged upon both sides of the vessel, a pressure-gage communicating with the exterior of the vessel and provided with an index-hand actuated by the pressure of the surrounding water, a motor for oscillating said vanes, and an electrical controlling device thrown into and out of operation by said index-hand for starting, stopping, and reversing said motor, substantially as described.*“[34]

Der Anspruch beschreibt ein Unterwasserfahrzeug mit Schaufeln („vanes“), die durch einen Motor automatisch angesteuert werden. Die Schaufeln dienen als Höhenruder, die das Ab- und Auftauchen durch eine Änderung der Neigung einleiten. Die Neigung der Schaufeln werden anhand der Messungen eines Tiefenmessers automatisch veranlasst, sodass das Unterwasserfahrzeug in der Lage ist, seine Tiefe konstant zu halten.

---

[33] DPMA, https://depatisnet.dpma.de/DepatisNet/depatisnet?action=pdf&docid=US000000472670A&xxxfull=1, abgerufen am 2.5.2025.

[34] DPMA, https://depatisnet.dpma.de/DepatisNet/depatisnet?action=pdf&docid=US000000581213A&xxxfull=1, abgerufen am 2.5.2025.

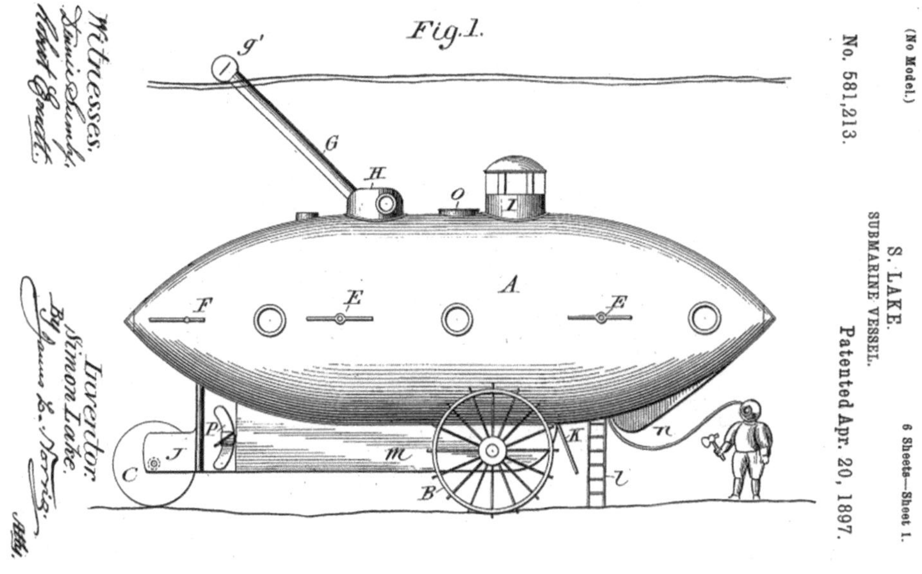

Abb. 3.21 Fig. 1 der US581213[35]

Die Abb. 3.21 zeigt das Unterwasserfahrzeug in einer seitlichen Darstellung mit den Schaufeln F und E, die als Höhenruder funktionieren.

Die Abb. 3.22 zeigt den Dampfkessel f, der die Räder B des U-Boots antreibt. Außerdem ist der ausfahrbare Schornstein u dargestellt.

Die Abb. 3.23 zeigt das Unterwasserfahrzeug in einer Draufsicht.

Die Abb. 3.24 zeigt das U-Boot in der Fig. 4 in einer Ansicht von hinten. Die Fig. 5 stellt einen Querschnitt dar, in der ein Tiefenmesser gezeigt ist, das die Neigung der Schaufeln selbsttätig einstellt, um dadurch die gewünschte Tiefe zu halten.

[35] DPMA, https://depatisnet.dpma.de/DepatisNet/depatisnet?action=pdf&docid=US0000005812 13A&xxxfull=1, abgerufen am 2.5.2025.

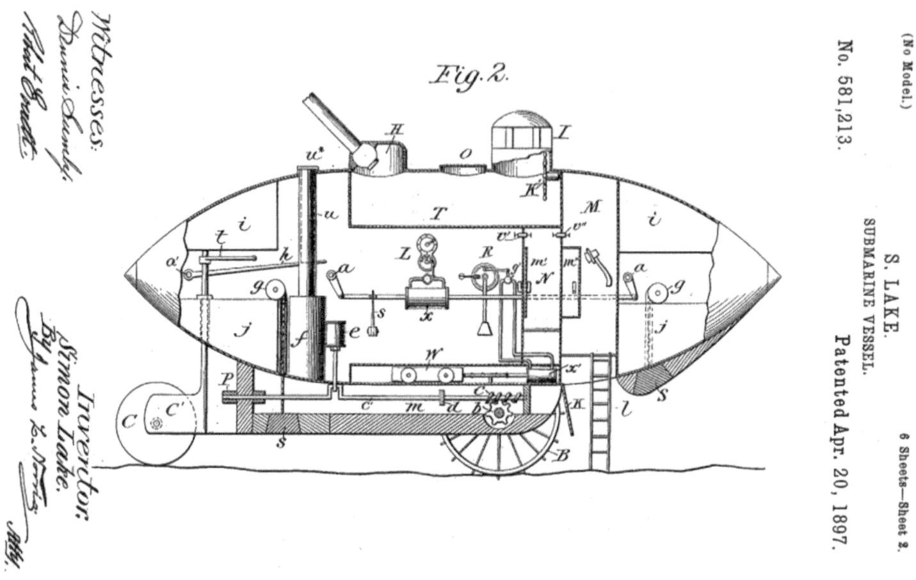

Abb. 3.22 Fig. 2 der US581213[36]

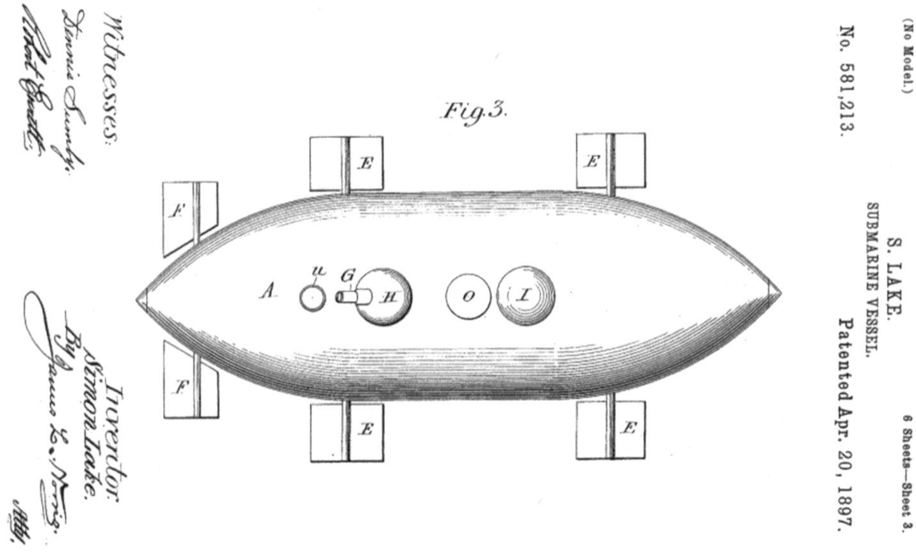

Abb. 3.23 Fig. 3 der US581213[37]

---

[36] DPMA, https://depatisnet.dpma.de/DepatisNet/depatisnet?action=pdf&docid=US000000581213A&xxxfull=1, abgerufen am 2.5.2025.

[37] DPMA, https://depatisnet.dpma.de/DepatisNet/depatisnet?action=pdf&docid=US000000581213A&xxxfull=1, abgerufen am 2.5.2025.

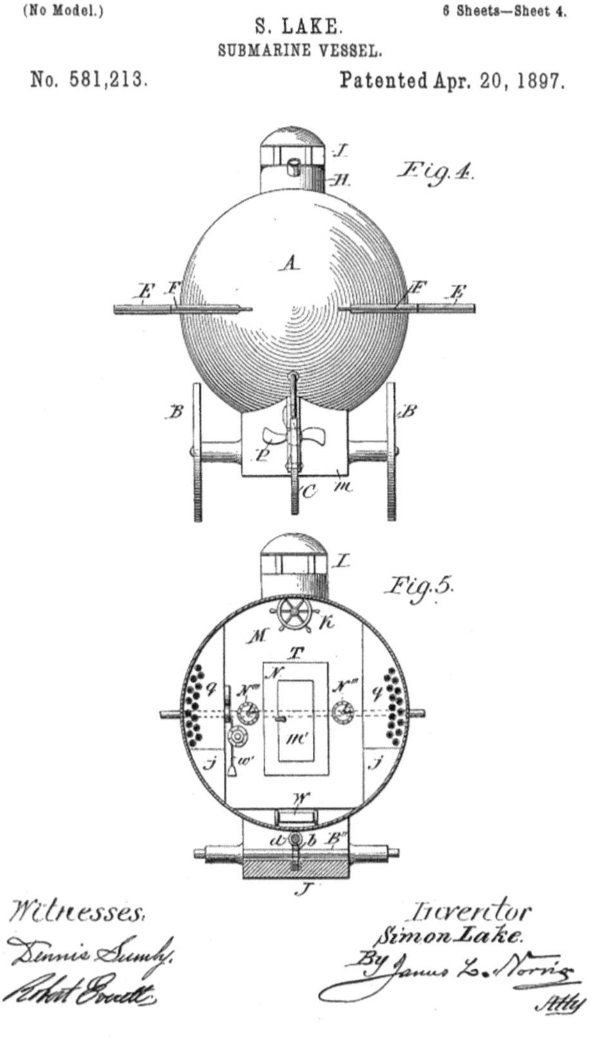

Abb. 3.24 Fig. 4 und 5 der US581213[38]

3.8 Unterwasserroboter

Die Patentanmeldung US 2012/0298030 A1, die am 21. Dezember 2011 beim Patentamt eingereicht wurde, beschreibt einen experimentellen autonomen Unterwasserroboter mit ersten einfachen Funktionen.

Der Hauptanspruch des Patents lautet:

[38] DPMA, https://depatisnet.dpma.de/DepatisNet/depatisnet?action=pdf&docid=US000000581213A&xxxfull=1, abgerufen am 2.5.2025.

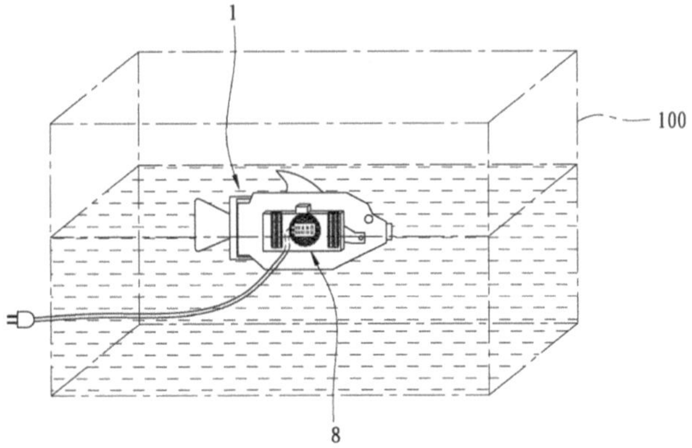

FIG. 1

Abb. 3.25 Fig. 1 der US20120298030A1[40]

„An underwater robot configured to be charged in response to a charging signal from a charging dock, said underwater robot comprising: a main body including a waterproof chamber; an electric power unit disposed in said waterproof chamber, said electric power unit including a rechargeable battery set storing electric power and a charging module coupled to said rechargeable battery set and configured to charge said rechargeable battery set in response to the charging signal from the charging dock; a propulsion unit disposed on said main body and configured to generate a propulsion force to make said underwater robot move underwater; and a control unit disposed in said waterproof chamber and coupled to said electric power unit and said propulsion unit, said control unit being operable to provide the electric power from said electric power unit to said propulsion unit and to control operation of said propulsion unit.“[39]

Die Abb. 3.25 zeigt den Roboterfisch 1 mit einer Ladestation 8 zum Aufladen von Batterien (Akkumulatoren), der in einem Aquarium 100 schwimmt.

Die Abb. 3.26 zeigt den Roboterfisch 1 mit einer Steuereinheit 41, einer Anzeigeeinheit 42 und einem wiederaufladbaren Batteriesatz 51.

[39] DPMA, https://depatisnet.dpma.de/DepatisNet/depatisnet?action=pdf&docid=US020120298030A1&xxxfull=1, abgerufen am 3.5.2025.

[40] DPMA, https://depatisnet.dpma.de/DepatisNet/depatisnet?action=pdf&docid=US020120298030A1&xxxfull=1, abgerufen am 19.4.2025.

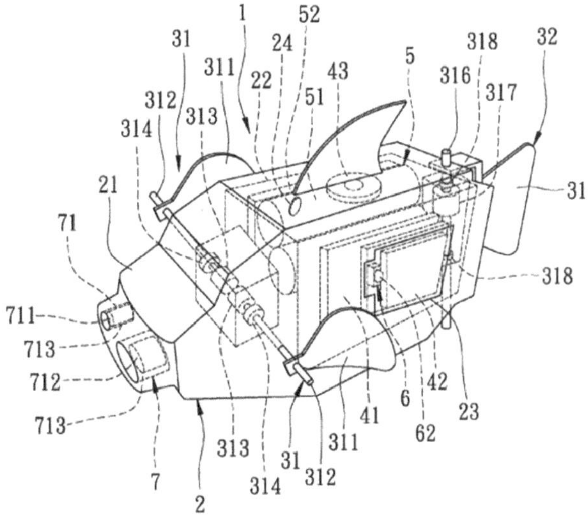

FIG. 2

Abb. 3.26 Fig. 2 der US20120298030A1[41]

3.9 Bergung von Manganknollen

Das Patent DE 3429202, dessen Erteilung am 9. Januar 1986 erfolgte, offenbart eine Vorrichtung zum „Ernten" von Manganknollen. Manganknollen sind polymetallische erdig-braune Mineralzusammenballungen aus Mangan, Eisen, Silizium, Aluminium, Magnesium, Calcium, Nickel, Kupfer, Kobalt, Seltene Erden, Yttrium, Molybdän und Vanadium. Manganknollen sind in der Tiefsee im Pazifischen Ozean zwischen 3000 Metern und 6000 Metern zu finden.

Der Hauptanspruch des Patents lautet:

„Vorrichtung zum Aufnehmenvon Manganknollen oder dergleichenvom Meeresboden, mit einem über den Meeresboden zu ziehenden Gestell, von dem eine um eine horizontale Achsedrehbare Walze gehalten ist, die auf ihrem Umfang Mittel zur Mitnahme von Manganknollen in Umfangsrichtung aufweist und die von einem Punkt im Bereich der tiefsten Stelle der Walze bis zu einem Punkt in Zugrichtung hinten oben von einem konzentrisch angeordneten Rost umgeben ist, der sich in Umfangsrichtung erstreckende Stäbe aufweist, die im Bereich der tiefsten Stelle in Zugrichtungweisende Zinken zum Untergreifen von Manganknollen bilden, und mit Mitteln zum Auffangen von von der Walze nach oben geförderten

[41] DPMA, https://depatisnet.dpma.de/DepatisNet/depatisnet?action=pdf&docid=US020120298030A1&xxxfull=1, abgerufen am 19.4.2025.

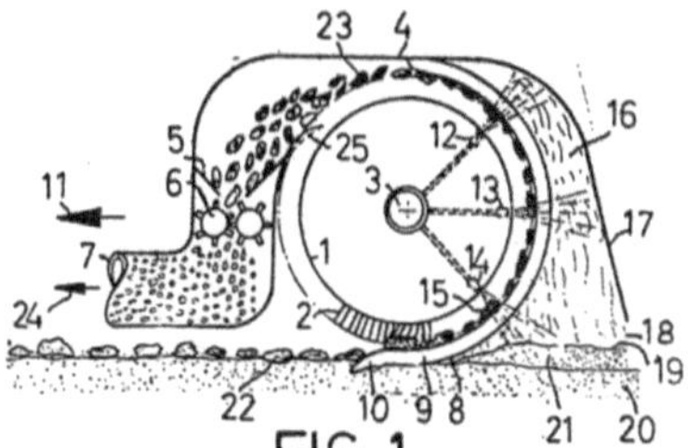

Abb. 3.27 Fig. 1 der DE3429202[43]

Manganknollen, dadurch gekennzeichnet, daß die am Umfang der Walze (1) angeordneten Mittel zum Mitnehmen von Manganknollen bürstenartig ausgebildet sind."[42]

Die Abb. 3.27 zeigt eine Walze 1 zur Aufnahme von Manganknollen, wobei aufgenommene Manganknollen 22 durch Düsen 12, 13 und 14 gereinigt, durch eine Mühle 6 zerkleinert und durch ein Förderrohr 7 an die Wasseroberfläche transportiert werden.

Die Abb. 3.28[44] zeigt die erfindungsgemäße Vorrichtung mit den Walzen 1, die über den Meeresboden gezogen werden.

3.10 Exploration

Exploration ist das detaillierte Erkunden und Bewerten von Rohstofflagerstätten, die bereits zuvor durch Prospektion ermittelt wurden. Die Patentanmeldung EP 4424580 A1, die am 21. Februar 2024 beim Patentamt eingereicht wurde, beschreibt ein System zur „Inspektion kritischer Unterwasserinfrastruktur"[45] (Titel der Anmeldung). Das erfindungsgemäße System umfasst ein Überwasserfahrzeug und ein Unterwasserfahrzeug, wobei das Überwasserfahrzeug das Unterwasserfahrzeug hinter sich herschleppt und die Energieversorgung für das Unterwasserfahrzeug sicherstellt.

Die Abb. 3.29[46] zeigt das System mit dem Überwasserfahrzeug 20, das eine Energieerzeugungsvorrichtung 40 aufweist, und das Unterwasserfahrzeug 30, das insbesondere eine Beobachtungsvorrichtung 50 umfasst, um den Meeresboden zu analysieren.

[42] DPMA, https://depatisnet.dpma.de/DepatisNet/depatisnet?action=pdf&docid=DE000003429202C1&xxxfull=1, abgerufen am 3.5.2025.

[43] DPMA, https://depatisnet.dpma.de/DepatisNet/depatisnet?action=pdf&docid=DE000003429202C1&xxxfull=1, abgerufen am 19.4.2025.

[44] DPMA, https://depatisnet.dpma.de/DepatisNet/depatisnet?action=pdf&docid=DE000003429202C1&xxxfull=1, abgerufen am 3.5.2025.

[45] DPMA, https://depatisnet.dpma.de/DepatisNet/depatisnet?action=pdf&docid=EP000004424580A1&xxxfull=1, abgerufen am 3.5.2025.

[46] DPMA, https://depatisnet.dpma.de/DepatisNet/depatisnet?action=pdf&docid=EP000004424580A1&xxxfull=1, abgerufen am 19.4.2025.

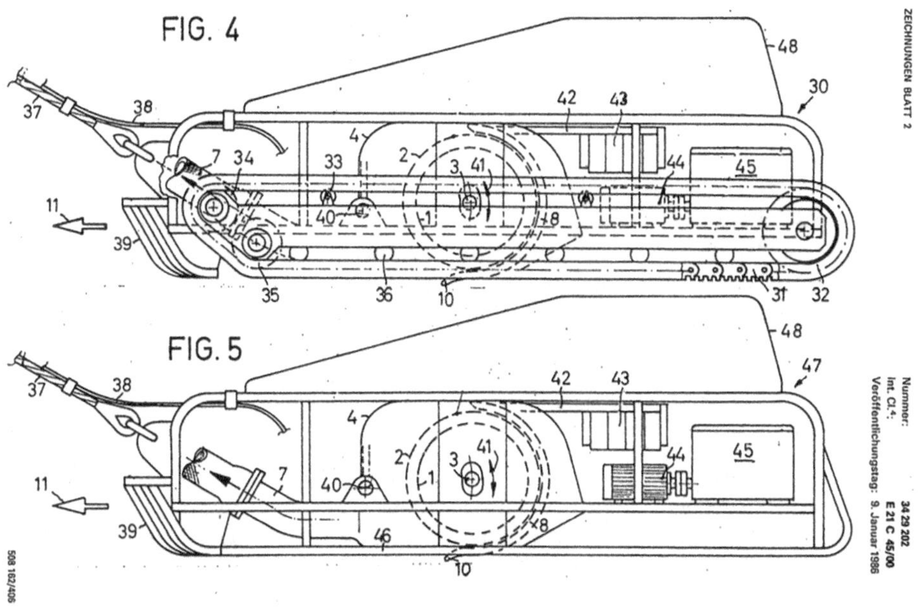

Abb. 3.28 Fig. 4 und 5 der DE3429202

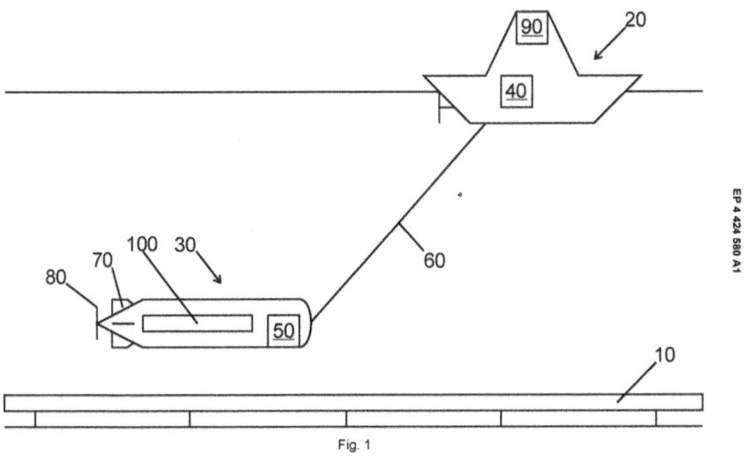

Abb. 3.29 Fig. 1 der EP4424580A1

3.11 Prospektion

Prospektion ist die Suche nach Lagerstätten von Rohstoffen, beispielsweise Erdöl und Erdgas. Das Patent EP 2630521 B1, dessen Erteilung am 10. Dezember 2014 veröffentlicht wurde, beschreibt ein „Verfahren und [eine] Vorrichtung für geophysikalische Prospektion zur Erkennung von Flüssigkeitskörpern in unterirdischen Formationen“[47] (Titel der Patentschrift). Erfindungsgemäß werden elektromagnetische Signale zum Meeresboden gesendet, die in Flüssigkeitsformationen innerhalb des Meeresbodens seismische Reaktionen auslösen, also mechanische Wellenbewegungen erzeugen. Diese mechanischen Wellenbewegungen führen zu reflektierten elektromagnetischen Wellen, die empfangen und ausgewertet werden.

Der Hauptanspruch des Patents lautet:

> *„A method of geophysical prospecting for detecting bodies of fluids in underground formations, comprising the steps of: activating (A) a seismic energy source (2) to transmit seismic energy into the ground, the seismic energy from the activation comprising seismic waves which travel at the speed of sound as attenuated by the materials through which they pass and a slow energy impulse propagating from the energy source to the formations more slowly than the seismic waves; detecting (B) an electromagnetic signal generated by interaction between the slow energy impulse from the activation of the energy source and underground formations including fluids, wherein the detected electromagnetic signal comprises frequencies in the range 0 to 30 Hz; recording (C) data representing a parameter derived from the detected electromagnetic signal against time; and processing (G) the recorded data by correlating it with the depth of fluid-containing underground formations with which the slow energy impulse interacted to generate the electromagnetic signal on the basis that the slow energy impulse travelled from the energy source to the underground formations at an average speed in the range 5 to 30 m/s.“*[48]

Der Anspruch beschreibt, dass ausgesendete elektromagnetische Wellen in Flüssigkeitsreservoirs, die sich innerhalb des Meeresbodens befinden, zu elektromagnetischen Wellen mit Frequenzen von etwas über 0 bis zu 30 Hertz führen. Diese Wellen werden empfangen und geben Aufschluss über die Ausmaße des Flüssigkeitsreservoirs, bei dem es sich beispielsweise um ein Erdölvorkommen handelt.

Die Abb. 3.30 zeigt das grundsätzliche Prinzip mit den ausgesendeten und reflektierten Wellen, die von einer Spule 6 detektiert und auf einem Display 11 dargestellt werden.

[47] DPMA, https://depatisnet.dpma.de/DepatisNet/depatisnet?action=pdf&docid=EP000002630521B1&xxxfull=1, abgerufen am 3.5.2025.

[48] DPMA, https://depatisnet.dpma.de/DepatisNet/depatisnet?action=pdf&docid=EP000002630521B1&xxxfull=1, abgerufen am 12.10.2025.

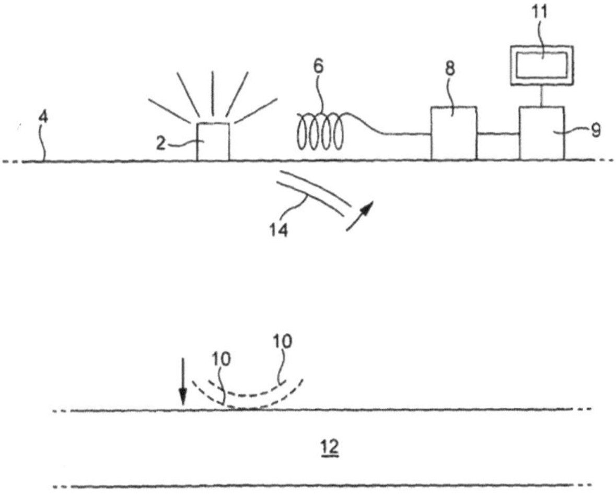

FIG. 2

Abb. 3.30 Fig. 2 der EP2630521B1[49]

[49] DPMA, https://depatisnet.dpma.de/DepatisNet/depatisnet?action=pdf&docid=EP000002630521B1&xxxfull=1, abgerufen am 19.4.2025.

4 Grenzen des Luftraums

Es werden vier Schichten der Erdatmosphäre unterschieden. Diese Schichten sind die Troposphäre (bis ca. 15 km), die Stratosphäre (bis ca. 50 km), die Mesosphäre (bis ca. 80 km) und die Thermosphäre (bis ca. 500 km). Es kann noch eine Exosphäre bestimmt werden, die ab ca. 500 km beginnt und den Übergang zum Weltraum darstellt. Die NASA betrachtet bereits die Mesosphäre als letzte irdische Schicht, ab der der Weltraum beginnt.[1]

4.1 Flugzeugschlepp

Mit Flugzeugschlepp wird das Huckepack-Tragen eines kleineren Flugzeugs durch ein Trägerflugzeug bezeichnet. Bekannt sind insbesondere die Space Shuttles der NASA, die allerdings nicht von Flugzeugen, sondern von Trägerraketen in eine ausreichende Höhe getragen wurden.[2] Durch das Flugzeugschlepp können Flugzeuge bereits in die unteren Schichten der Erdatmosphäre gebracht werden, um die äußeren Schichten der Erdatmosphäre zu erreichen.

Schleppsteuerungssystem für Segelflugzeuge

Das Patent US 5188313, das am 23. Februar 1993 erteilt wurde, beschreibt eine Vorrichtung zum Schleppen von Segelflugzeugen in eine ausreichende Höhe, um von thermischen Aufwinden getragen und weiter steigen zu können. Segelflugzeuge sind darauf angewiesen, von einem motorisierten Flugzeug in die Luft geschleppt zu werden. Ein dynamischer Auftrieb,

---

[1] Wikipedia, https://de.wikipedia.org/wiki/Erdatmosph%C3%A4re, abgerufen am 22.4.2025.

[2] Wikipedia, https://de.wikipedia.org/wiki/Space_Shuttle, abgerufen am 22.4.2025.

T. H. Meitinger, *Pioniere der Tiefe. Hightech in Patenten*,
https://doi.org/10.1007/978-3-662-72152-0_4

mit dem ein Flugzeug in die Lüfte aufsteigen kann, wird durch nach unten drücken von Luft durch einen Flügel erzeugt, wodurch sich ein Impuls und eine Kraft nach oben ergibt. Allerdings wird hierzu eine schnelle Vorwärtsbewegung des betreffenden Flugzeugs benötigt, was nur durch einen Motor erreicht werden kann. Segelflugzeuge haben keinen eigenen Antrieb und können daher nicht eigenständig einen dynamischen Auftrieb erzeugen.

Die US 5188313 beschreibt ein Verfahren, bei dem ein Segelflugzeug von einem motorisierten Flugzeug im Flug „eingefangen" wird und an sein Ziel geschleppt wird. Das Segelflugzeug transportiert dabei eine Ladung an das Ziel. Das Andocken des Segelflugzeugs an das Schleppflugzeug während des Flugs stellt eine besondere technische Herausforderung dar, da eine Verbindung von zwei unwillkürlich schwankenden Objekten herzustellen ist. Vorteilhafterweise weist das Segelflugzeug zusätzlich Treibstoff als Ladung auf, um das Schleppflugzeug zu betanken und damit die Reichweite des Tandems zu vergrößern.

Der Hauptanspruch des Patents lautet:

> *„A tow control system for controlling the spatial geometric relationship between an airborne, powered towing aircraft and towed glider aircraft having movable aerodynamic flight path control surfaces operable by powered actuating means, said system comprising: an elongated rigid towing frame, first means pivotally connecting one of said towing frame two ends and the towing aircraft in which pivotal motion of said towing frame is restricted to motion in a vertical plane around a pivotal axis extending transversely of said towing aircraft, second means pivotally connecting the other of said towing frame two ends and the glider aircraft comprising a universal joint permitting relative motion between said towing frame and said glider around all three mutually perpendicular axes of said universal joint, sensor means associated with said towing frame and said aircraft sensing parameter values indicative of the spatial geometric relationship of said glider and towing aircraft, a flight control computer, means linking said sensor means and said flight control computer for transmitting to said computer parameter values sensed by said sensor means, said flight control computer having a program which: (1) determines differences between parameter values indicative of a selected spatial geometric relationship of said glider and towing aircraft and sensor means sensed parameter values transmitted by said linking means and (2) from said determined differences calculates motion required of selected ones of said glider flight path control surfaces to establish a glider flight path that brings said glider and towing aircraft into said selected spatial geometric relationship, means linking said flight control computer and said glider flight path control surface actuating means for transmitting to said actuating means a signal representative of said computer calculated motion required of selected ones of said glider flight path control surfaces, said glider flight path control surfaces including glider upper wing surface spoilers and extendable wing flap surfaces, said sensor means includes a first unit sensing a first parameter value comprising the vertical elevation angle defined between the longitudinal axis of said towing frame and the longitudinal axis of said towing aircraft at said first pivotal connecting means and said flight control computer is programmed such that said calculated motion required of said selected ones of said glider flight path control surfaces comprises: (1) an upward deflection extension motion of said spoilers when the computer determined difference between said first unit sensed parameter value and a selected spatial relationship elevation angle first parameter value is one of an increasing angular relationship above and a decreasing angular relationship below said towing aircraft longitudinal axis and (2) a downward extension of said glider wing flap surfaces when said computer determined difference is*

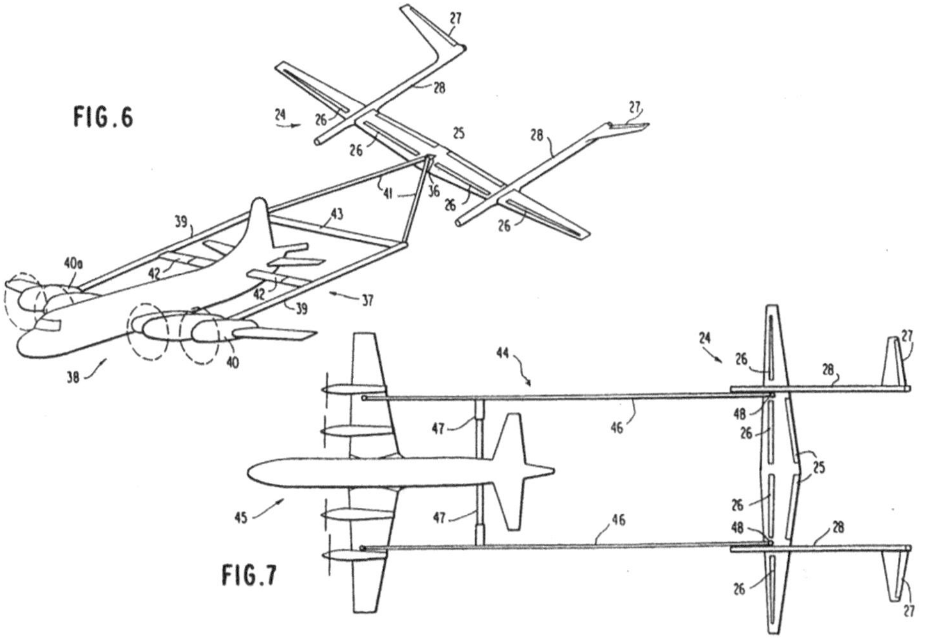

Abb. 4.1 Fig. 6 und 7 der US5188313[4]

one of a decreasing angular relationship above and an increasing angular relationship below said towing aircraft longitudinal axis."[3]

Der Anspruch beschreibt ein Schleppsteuersystem, mit dem ein motorisiertes Flugzeug ein Segelflugzeug schleppt, wobei im Detail der Kopplungsvorgang in der Luft beschrieben wird. Der Kopplungsvorgang ist besonders komplex, da zwei durch Windströmungen unvorhersehbar schwankende Objekte verbunden werden.

Die Abb. 4.1 zeigt das Schleppen eines Segelflugzeugs, wobei zwischen den Flugzeugen eine besonders stabile Verbindung hergestellt wird.

Die Abb. 4.2 zeigt eine weitere Variante des Flugzeugschleppens, bei dem ein erstes Flugzeug von einem größeren Flugzeug geschleppt wird und dadurch eigenen Treibstoff spart.

---

[3] DPMA, https://depatisnet.dpma.de/DepatisNet/depatisnet?action=pdf&docid=US000005188313A&xxxfull=1, abgerufen am 22.4.2025.

[4] DPMA, https://depatisnet.dpma.de/DepatisNet/depatisnet?action=pdf&docid=US000005188313A&xxxfull=1, abgerufen am 22.4.2025.

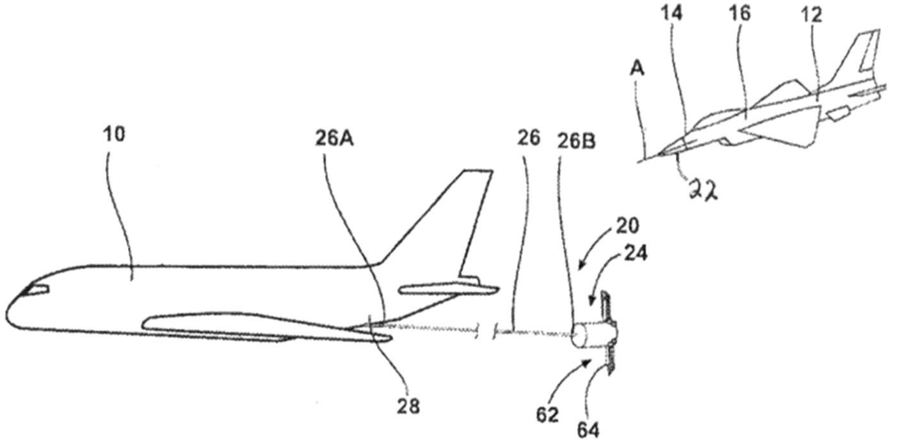

FIG. 1

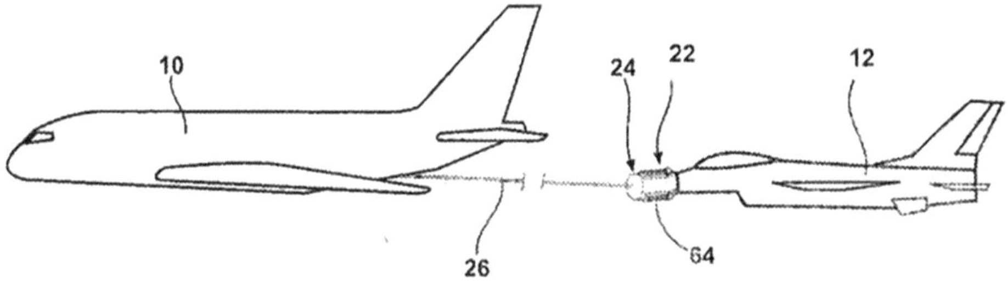

FIG. 2

Abb. 4.2 Fig. 1 und 2 der US12134482[5]

4.2 Solarballon

Ein Solarballon ist ein Ballon, der in aller Regel mit normaler Luft gefüllt ist und eine schwarze Hülle aufweist. Die schwarze Hülle des Solarballons nimmt die Wärme der Sonneneinstrahlung auf und erhitzt damit die Luft im Balloninneren. Die Luft breitet sich durch die Erhitzung aus und nimmt eine geringere Dichte an. Hierdurch kann die Luft im Ballon einen statischen Auftrieb erzeugen.

Selbsttätiges Aufblasen eines Solarballons

[5] DPMA, https://depatisnet.dpma.de/DepatisNet/depatisnet?action=pdf&docid=US000012134482B1&xxxfull=1, abgerufen am 22.4.2025.

Das Patent US 3220671, das am 30. November 1965 erteilt wurde, beschreibt einen Solarballon, der insbesondere zum Transportieren von meteorologischen Instrumenten in die Erdatmosphäre geeignet ist. Die Kunststoffhülle des Ballons ist dünn, um für die Sonnenstrahlung durchlässig zu sein, wodurch sich die Luft im Ballon erhitzen und ausdehnen kann und den erforderlichen statischen Auftrieb erzeugt.

Der einzige Anspruch des Patents lautet:

„*A balloon adapted to fill and rise by the effect of solar radiation alone, consisting essentially of:*

(a) an envelope transparent to the rays of the sun,
(b) said envelope terminating at the bottom in an open throat,
(c) a mass of blackened fibers of less than 3 micron fiber diameter and readily permeable to air and the rays of the sun, positioned within said throat,
(d) said mass being spaced away from the sides of said throat, and pivotally mounted within said throat,
(e) a foraminous sheet supporting said mass, said sheet being a reflecting surface, and
(f) turning means associated with said mass, adapted to turn it over upon activation of said turning means by an appropriate signal, thereby shielding said mass from said rays."[6]

Der Anspruch beschreibt, dass die Hülle des Ballons für Sonnenlicht durchlässig ist und dass zusätzlich eine Vorrichtung vorhanden ist, die durch die Sonnenstrahlung aufgeheizt wird. Durch diese Vorrichtung wird warme Luft in den Ballon eingeleitet. Das Einleiten warmer Luft kann durch ein Wenden der Vorrichtung beendet werden.

Die Abb. 4.3 zeigt einen Solarballon, dessen Hülle für Sonnenlicht durchlässig ist. Zusätzlich trifft das Sonnenlicht auf eine Matte 20, die schwarz ist und sich durch die Sonnenstrahlung erhitzt. Hierdurch wird von der Matte 20 warme Luft erzeugt, die in den Ballon strömt und diesen aufbläst. Möchte man ein weiteres Aufblasen stoppen, kann die Matte gewendet werden, sodass eine weiße Oberfläche nach oben zeigt, die die Sonneneinstrahlung nicht sammeln kann und daher nicht erhitzt wird. Auf diese Weise wird das weitere Einströmen von warmer Luft gestoppt.

Solarballon mit Gebläse

Das Patent FR 2725954, das am 20. Oktober 1994 beim Patentamt eingereicht wurde, beschreibt einen Solarballon mit einem Gebläse, das zum Aufblasen des Ballons dient. Alternativ kann das Gebläse dazu genutzt werden, Luft aus dem Ballon herauszusaugen und damit ein Absinkvorgang einzuleiten.

Die Abb. 4.4. zeigt den Solarballon mit dem Gebläse 32, mit dem Luft in den Ballon geblasen wird, das sich im Ballon durch Sonneneinstrahlung erwärmt und damit ausdehnt und nach der Erwärmung eine geringere Dichte im Vergleich zur Umgebungsluft aufweist.

---

[6] DPMA, https://depatisnet.dpma.de/DepatisNet/depatisnet?action=pdf&docid=US000003220671A&xxxfull=1, abgerufen am 22.4.2025.

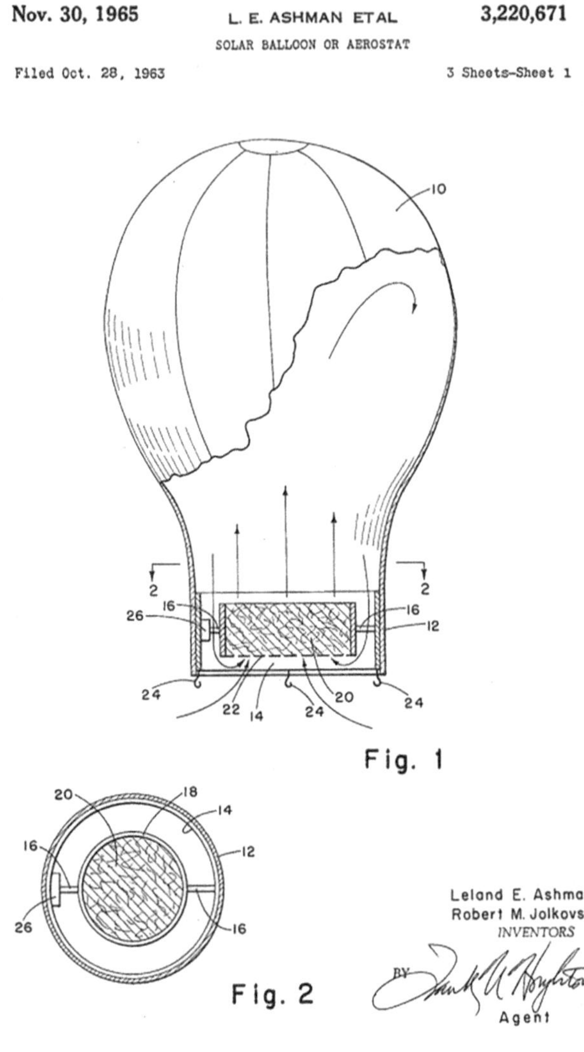

Abb. 4.3 Fig. 1 und 2 der US3220671[7]

Hierdurch ergibt sich ein statischer Auftrieb. Andererseits kann das Gebläse dazu genutzt werden, Luft aus dem Ballon zu saugen, um einen weiteren Aufstieg zu verlangsamen oder den Abstieg einzuleiten.

[7] DPMA, https://depatisnet.dpma.de/DepatisNet/depatisnet?action=pdf&docid=US000003220671A&xxxfull=1, abgerufen am 22.4.2025.

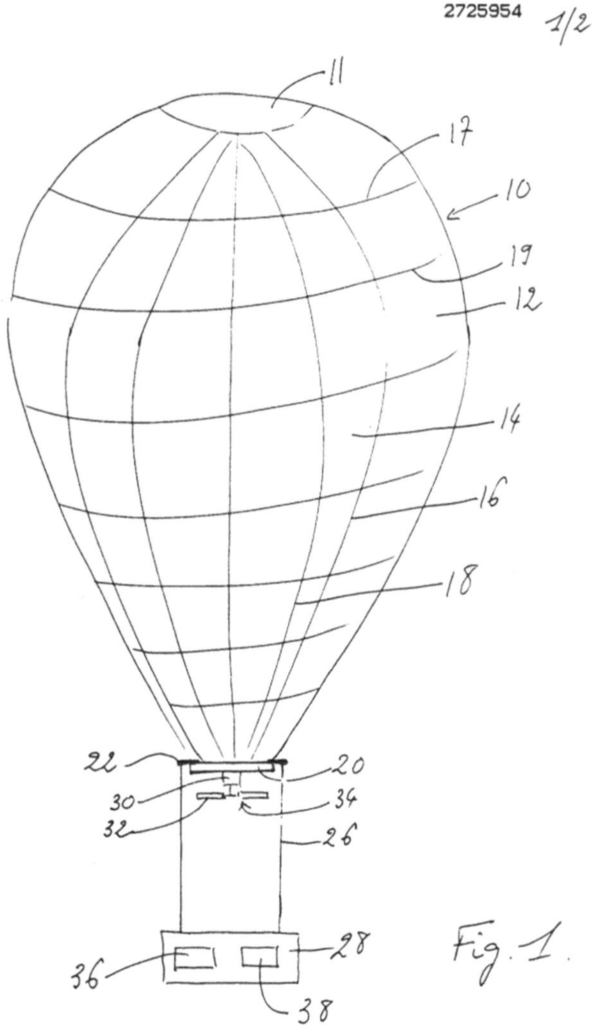

Abb. 4.4 Fig. 1 der FR2725954[8]

4.3 Stratosphärenballon

Die Patentanmeldung US 2021/0245857, die am 1. Februar 2021 beim Patentamt eingereicht wurde, beschreibt einen Ballon, der bis 30 Kilometer in die Stratosphäre aufsteigen soll. Von dieser Höhe aus bietet sich dem Passagier eine 360°-Sicht auf die Erde.[9]

---

[8] DPMA, https://depatisnet.dpma.de/DepatisNet/depatisnet?action=pdf&docid=FR000002725954A1&xxxfull=1, abgerufen am 22.4.2025.

[9] DPMA, https://www.prosieben.de/serien/galileo/news/mit-dem-ballon-in-richtung-weltall-space-perspective-hebt2021-ab-329707, abgerufen am 22.4.2025.

Der Hauptanspruch lautet:

„A method for operating a balloon system, comprising, at a zero-pressure balloon defining a balloon interior: while the balloon interior contains a lighter-than-air fluid, ascending to a high altitude range, wherein the balloon inflates while ascending due to a reduction in atmospheric pressure surrounding the balloon; and while in the high altitude range, while a passive vent of the zero-pressure balloon is in a first configuration, in which the balloon interior is fluidly coupled to a balloon exterior via the passive vent, passively venting a first portion of the lighter-than-air fluid via the passive vent, thereby maintaining a substantially zero pressure condition within the balloon; while in the high altitude range, after passively venting the first portion of the lighter-than-air fluid via the passive vent, initiating a balloon descent, comprising controlling an active valve of the balloon system to open, thereby actively venting a second portion of the lighter-than-air fluid via the active valve, wherein the active valve is distinct from the passive vent; and after passively venting the first portion of the lighter-than-air fluid via the passive vent, configuring the passive vent in a second configuration, in which the balloon interior is not fluidly coupled to the balloon exterior via the passive vent, comprising sealing the passive vent.“[10]

Der Anspruch beschreibt den Auf- und Abstieg des Stratosphärenballons, wobei der Abstieg durch Ablassen von Traggas erfolgt.

Die Abb. 4.5 zeigt den Ballon in einer ersten Phase des Aufstiegs mit der Gondel 102, die die Passagiere beherbergt.

Die Abb. 4.6 zeigt die Phasen einer Reise mit dem Stratosphärenballon.

[10] DPMA, https://depatisnet.dpma.de/DepatisNet/depatisnet?action=pdf&docid=US020210245857A1&xxxfull=1, abgerufen am 22.4.2025.

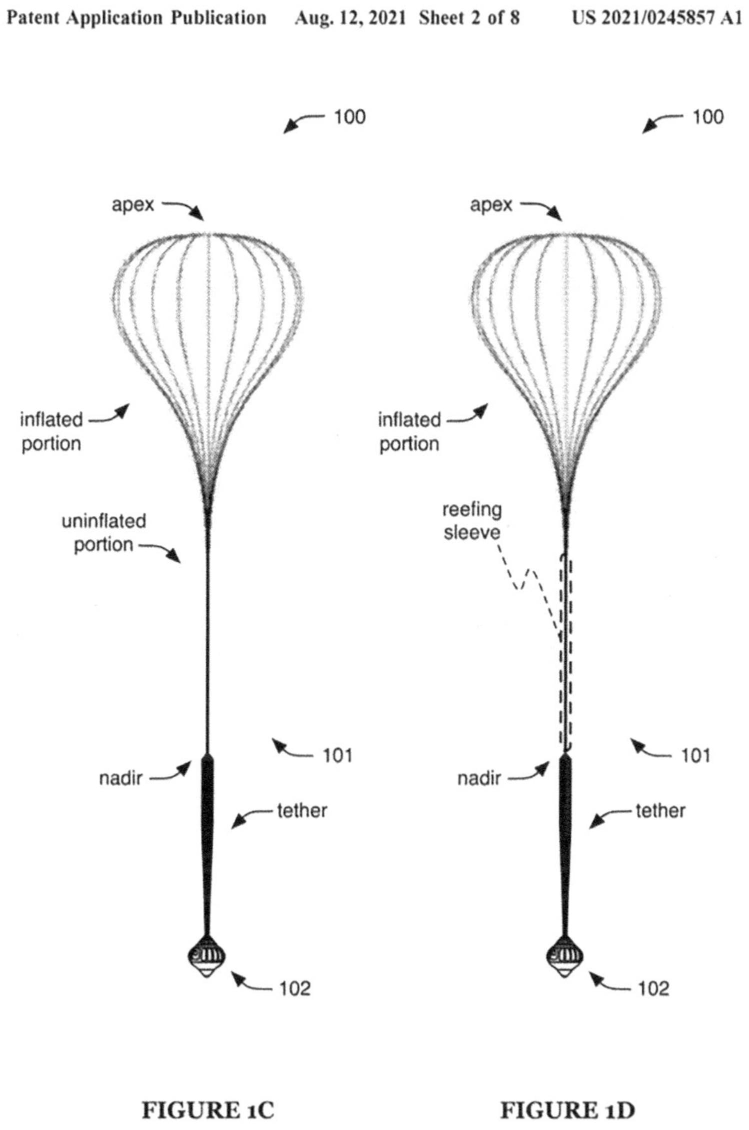

Abb. 4.5 Fig. 1C und 1D der US20210245857[11]

[11] DPMA, https://depatisnet.dpma.de/DepatisNet/depatisnet?action=pdf&docid=US020210245857A1&xxxfull=1, abgerufen am 22.4.2025.

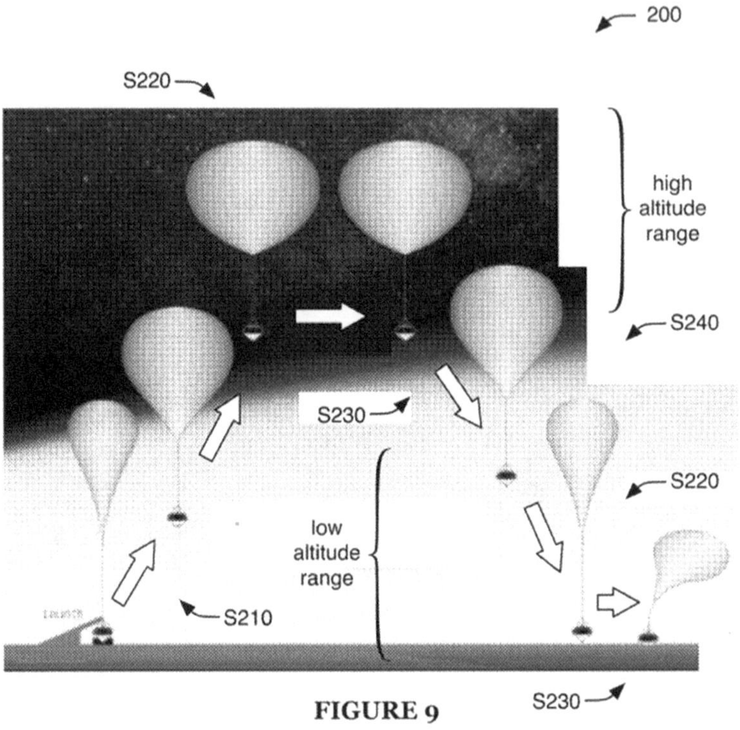

Abb. 4.6 Fig. 9 der US20210245857[12]

[12] DPMA, https://depatisnet.dpma.de/DepatisNet/depatisnet?action=pdf&docid=US020210245857A1&xxxfull=1, abgerufen am 22.4.2025.

5 Erkunden des Weltraums

Der Weltraum beginnt ab einer Höhe von 80 bis 100 km. Erste Schritte der Weltraumforschung waren die Umrundung der Erde durch den Satelliten Sputnik 1, der erste Weltraumflug des Kosmonauten Juri Gagarin und insbesondere die Apollo-Flüge der USA.[1]

5.1 Dampfmaschinen-Luftschiff

Das Patent US 35453, das am 3. Juni 1862 erteilt wurde, beschreibt einen dampfangetriebenen Ballon.

Der einzige Anspruch des Patents lautet:

> „*The arrangement of the generator D and condenser E, connecting with the cylinder C by means of pipes d d′ g g′, and stop-cocks e e′ h h′, operated by crank-shafts f i, as described, in combination with the fau-wheels F F′, tubes G G″, and with the rocket-shaped balloon A, the whole being constructed and operating in the manner and for the purpose specified.*"[2]

Der Anspruch beschreibt einen Dampfzylinder, der als Gasgenerator wirkt, wobei die heißen Gase nach hinten ausgestoßen werden, um einen Antrieb des zigarrenförmigen Luftschiffs zu ermöglichen.

---

[1] Wikipedia, https://de.wikipedia.org/wiki/Weltraumforschung, abgerufen am 4.5.2025.

[2] DPMA, https://depatisnet.dpma.de/DepatisNet/depatisnet?action=pdf&docid=US000000035453A&xxxfull=1, abgerufen am 24.4.2025.

T. H. Meitinger, *Pioniere der Tiefe. Hightech in Patenten*,
https://doi.org/10.1007/978-3-662-72152-0_5

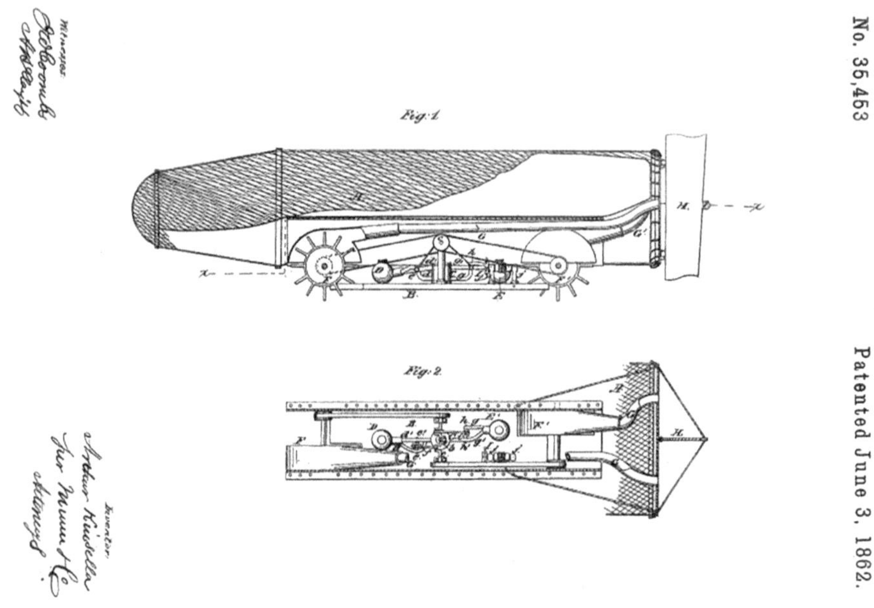

Abb. 5.1 Fig. 1 und 2 der US35453[3]

Die Abb. 5.1 zeigt das erfindungsgemäße Luftschiff mit Schaufelrädern F und F´, die Luft in das Luftschiff schaufeln, wobei diese Luft durch das Luftschiff nach hinten mit hoher Geschwindigkeit geschleudert wird, um dem Luftschiff einen Antrieb zu verschaffen. Die Schaufelräder F und F‘ werden über Riemen von einem Motor angetrieben, der Wasserstoff verbrennt.

5.2 Schutzschild für raketenangetriebenes Luftschiff

Das Patent US 80107 A, das am 21. Juli 1868 erteilt wurde, beschreibt ein raketenangetriebenes Luftschiff, das insbesondere mit einem feuerfesten Schild dem Ballon und der Gondel Schutz vor den heißen Gasen der Rakete bietet.

Der Hauptanspruch des Patents lautet:

„The reservoir B and pumps a b, arranged in relation to the body A so as to increase or decrease the pressure of gas therein, all substantially as and for the purpose described."[4]

Die Abb. 5.2 zeigt den Körper A des Luftschiffs, in dem sich ein Abteil C für den Piloten und die Mannschaft befindet. Das Luftschiff weist einen Propeller D auf, der von einem

[3] DPMA, https://depatisnet.dpma.de/DepatisNet/depatisnet?action=pdf&docid=US000000035453A&xxxfull=1, abgerufen am 24.4.2025.

[4] DPMA, https://depatisnet.dpma.de/DepatisNet/depatisnet?action=pdf&docid=US000000080107A&xxxfull=1, abgerufen am 24.4.2025.

Motor angetrieben wird, und für den Antrieb sorgt. Zudem sind Flügel F zur Steuerung an dem Körper A befestigt. Ein weiterer Antrieb erfolgt durch eine Rakete, die die verbrannten Gase durch die Düse H nach hinten ausstößt. Am Ende der Düse ist ein netzartiges Gebilde H´ angeordnet, das verhindert, dass heiße Verbrennungsgase nach vorne gelangen und das Luftschiff in Flammen setzen.

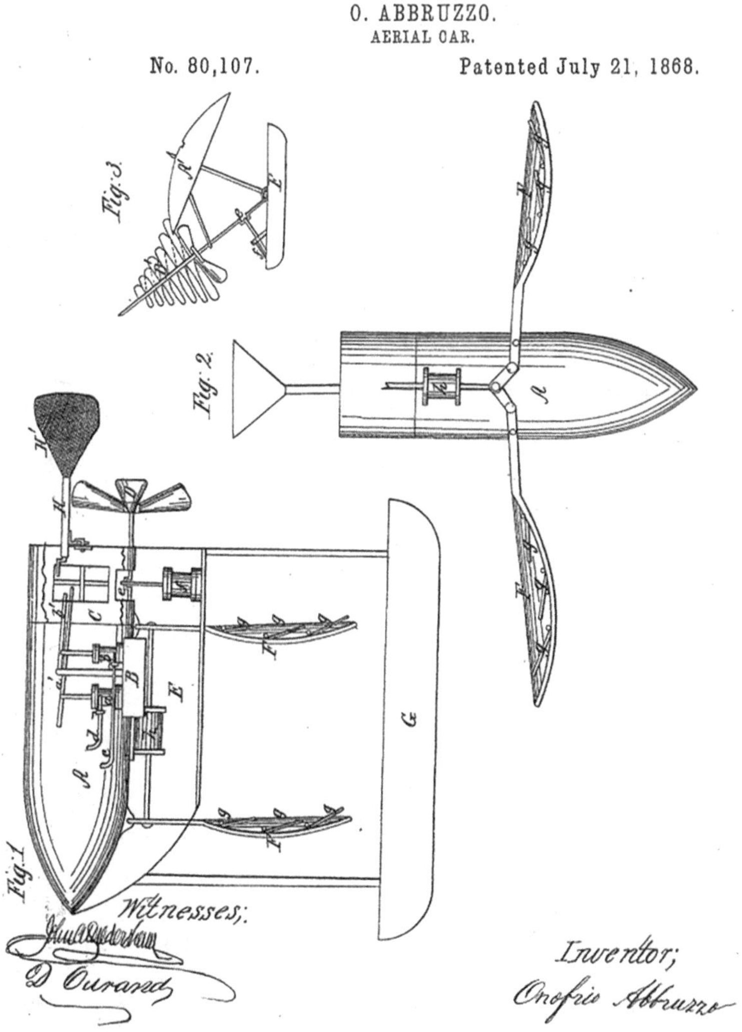

Abb. 5.2 Fig. 1 bis 3 der US80107[5]

[5] DPMA, https://depatisnet.dpma.de/DepatisNet/depatisnet?action=pdf&docid=US000000080107A&xxxfull=1, abgerufen am 12.10.2025.

5.3 Rakete mit Sockel

Das Patent US 393990, das am 4. Dezember 1888 erteilt wurde, beschreibt eine Rakete.

Der Hauptanspruch des Patents lautet:

„*The combination, with a rocket, of a socket provided with extensions, one of said extensions being secured beneath the outer shell of the rocket, and the other extension being secured at the lower end of the rocket, substantially as described.*"[6]

Der Anspruch beschreibt "Verlängerungen", die teilweise innerhalb der Rakete und teilweise unterhalb der Rakete angeordnet sind. Diese Verlängerungen dienen dazu, durch eine Pressverbindung eine ausreichende Verbindung zwischen dem Sockel der Rakete und dem Raketenkörper zu schaffen und dabei eine aerodynamisch vorteilhafte Ausformung sicherzustellen.

Die Abb. 5.3 zeigt die erfindungsgemäße Rakete mit dem eingepressten Sockel, wodurch sich eine aerodynamisch vorteilhafte Ausgestaltung ergibt.

5.4 Antriebssystem für Luftschiff

Das Patent DE 68783, das am 1. März 1892 erteilt wurde, offenbart eine Antriebsvorrichtung für ein Luftschiff.

Die Abb. 5.4 zeigt Puffer B, die bei der Landung das Aufsetzen des Luftschiffs dämpfen. Das Luftschiff weist eine Verbrennungskammer C auf, deren Verbrennungsprodukte durch die Rohre K und K´ nach außen strömen und das Luftschiff antreiben. In den Rohren K und K´ sind Flügel L angeordnet, die die Geschwindigkeit des ausströmenden Gases steuern und damit den Antrieb regeln.

5.5 Fotografische Aufnahmen mit einer Rakete

Das Patent DE 64209, das am 14. Juli 1891 erteilt wurde, beschreibt ein Verfahren, bei dem von einem unbekannten Gelände photographische Aufnahmen erstellt werden. Hierzu wird mit einem ballistischen Geschoß oder einer Rakete ein Fotoapparat in eine große Höhe geschossen, der dann freigesetzt wird und mit einem Fallschirm langsam zur Erde sinkt. Während des Sinkens erstellt der Fotoapparat selbsttätig mehrere Aufnahmen des sich darunter befindlichen Geländes.

Der einzige Anspruch des Patents lautet:

[6] DPMA, https://depatisnet.dpma.de/DepatisNet/depatisnet?action=pdf&docid=US000000393990A&xxxfull=1, abgerufen am 23.4.2025.

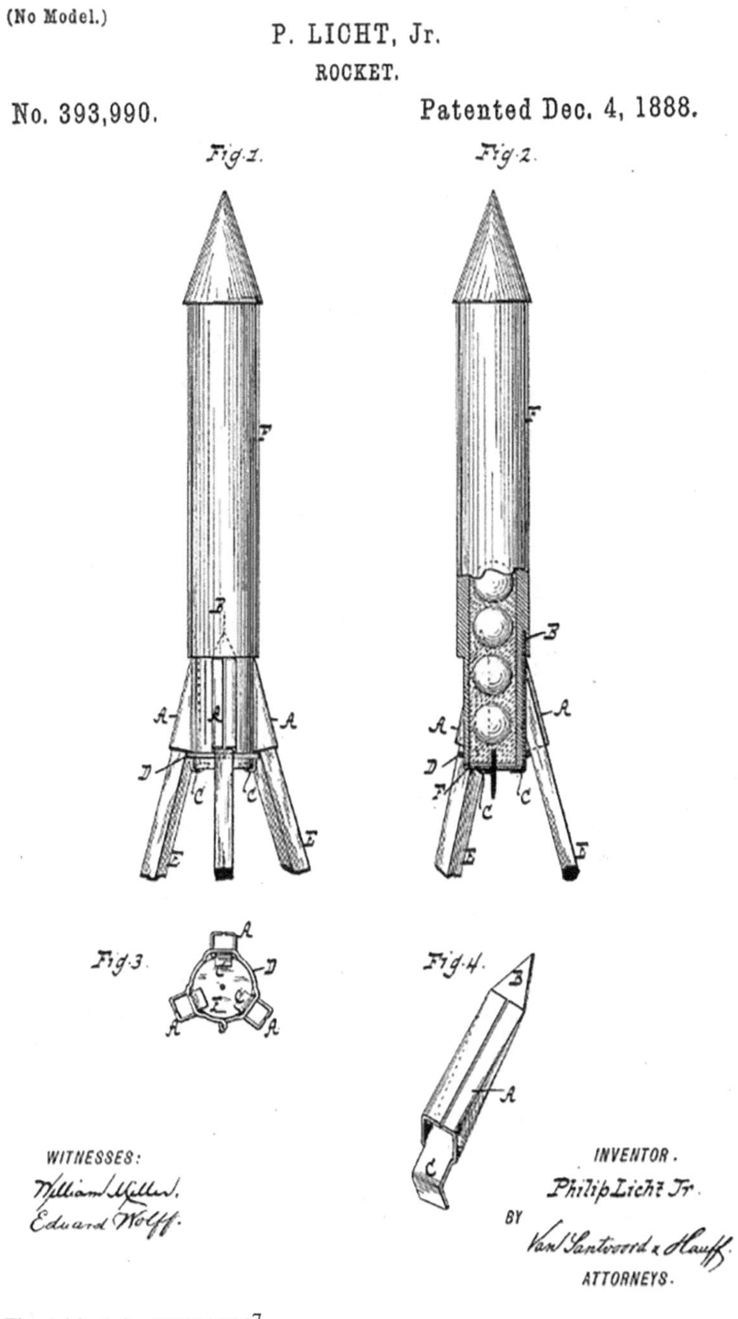

Abb. 5.3 Fig. 1 bis 4 der US393990[7]

---

[7] DPMA, https://depatisnet.dpma.de/DepatisNet/depatisnet?action=pdf&docid=US000000393990A&xxxfull=1, abgerufen am 17.4.2025.

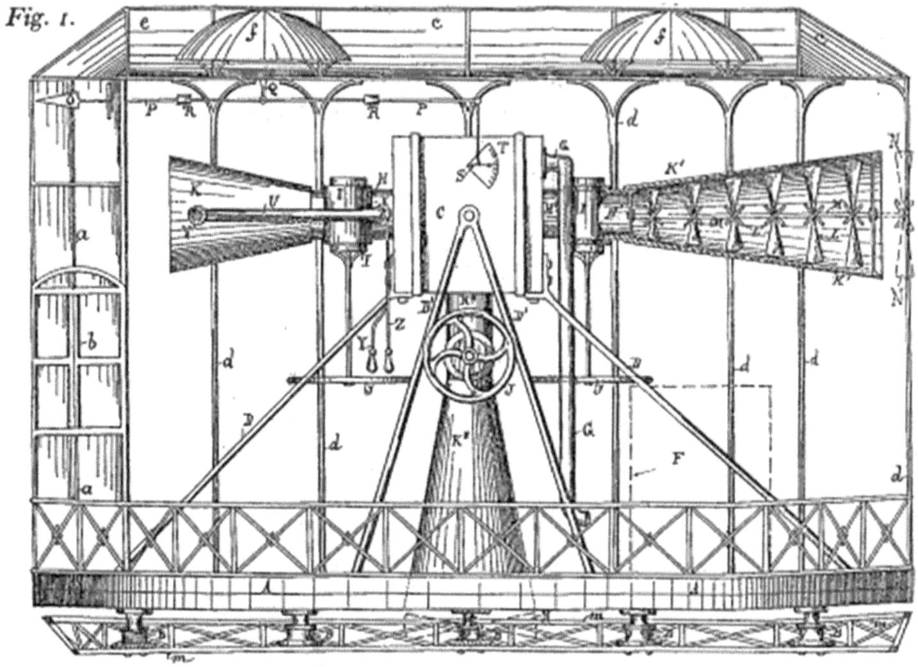

Abb. 5.4 Fig. 1 der DE68783[8]

> *„Verfahren zur photographischen Aufnahme von Geländen aus der Vogelschau vermittelst eines Geschütz- oder Raketen-Geschosses, indessen Hohlraum ein mit der Abgangsstelle durch eine Schnur in Verbindungbleibender Fallschirm mit photographischem Apparat untergebracht ist, welcher während des Geschofsfluges durch Explosion einer Pulverladung ausgestofsen und nach bezw. während der photographischen Aufnahme des Geländes zur Abgangsstelle zurückgezogen wird.“*[9]

Der Anspruch beschreibt das Geschoß, das einen Fotoapparat in eine große Höhe befördert und freisetzt, wobei es dann mit einem Fallschirm zu Boden sinkt. Zusätzlich wird ein Seil beschrieben, das an dem Fotoapparat befestigt ist, sodass der Fotoapparat zur Abschussstelle zurückgezogen werden kann und der Fotoapparat über das darunter liegende Gebiet fliegt und von diesem Aufnahmen erstellt.

Die Abb. 5.5 zeigt den Fotoapparat an einem Fallschirm hängend, der zur Ausgangsstation zurückgezogen wird.

---

[8] DPMA, https://depatisnet.dpma.de/DepatisNet/depatisnet?action=pdf&docid=DE000000068783A&xxxfull=1, abgerufen am 24.4.2025.

[9] DPMA, https://depatisnet.dpma.de/DepatisNet/depatisnet?action=pdf&docid=DE000000064209A&xxxfull=1, abgerufen am 25.4.2025.

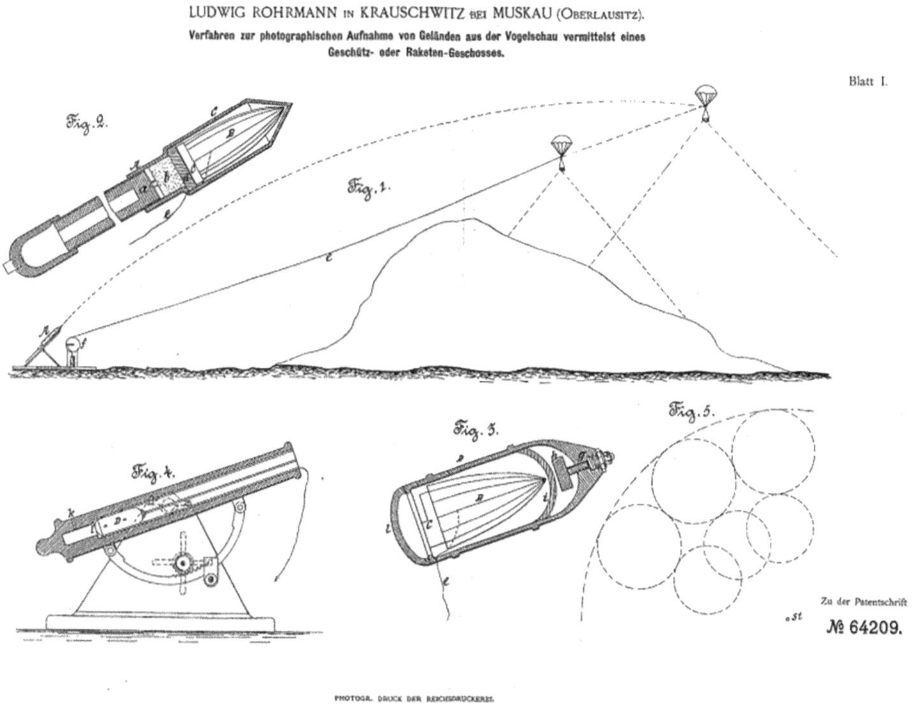

Abb. 5.5 Fig. 1 bis 6 der DE64209[10]

5.6 Lenkbarer Luftballon

Das Patent DE 134182, das am 26. Februar 1901 erteilt wurde, beschreibt ein Luftschiff, das Luft an einem vorderen Rohr ansaugt und die Luft nach hinten ausstößt, um damit einen Antrieb zu erhalten.

Der einzige Anspruch des Patents lautet:

„Lenkbarer Luftballon von fallschirmartiger Gestalt, bei welchem die Vorwärtsbewegung dadurch erreicht wird, dafs durch in Rohren untergebrachte Flügelschrauben die Luft vorn angesaugt und hinten ausgestofsen wird, dadurch gekennzeichnet, dafs die in der Längsrichtung des Ballons verlaufenden Rohre hinten zugespitzt sind, um die Wirkung der ausgestofsenen Luft zu erhöhen.“[11]

---

[10] DE, https://depatisnet.dpma.de/DepatisNet/depatisnet?action=pdf&docid=DE000000064209A&xxxfull=1, abgerufen am 16.4.2025.

[11] DPMA, https://depatisnet.dpma.de/DepatisNet/depatisnet?action=pdf&docid=DE000000134182A&xxxfull=1, abgerufen am 25.4.2025.

FIG.1.

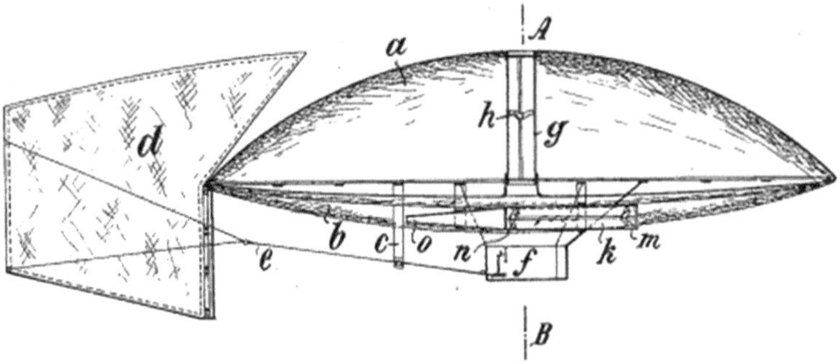

FIG.2.

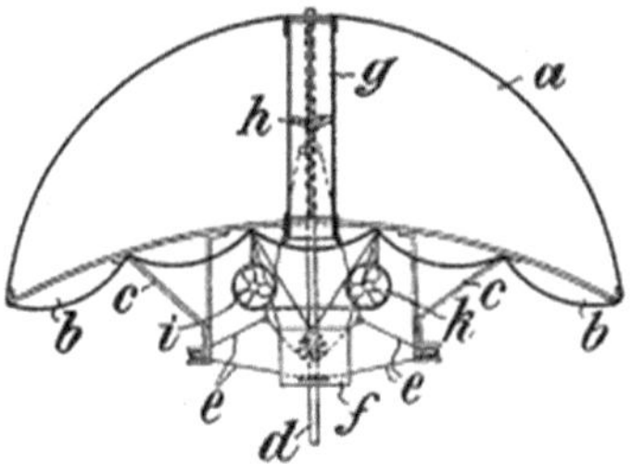

Abb. 5.6 Fig. 1 und 2 der DE134182[12]

Der Anspruch beschreibt ein Luftschiff, das eine fallschirmartige Ausformung aufweist und durch nach hinten ausgestoßene Luft einen Antrieb nach vorne erfährt. Außerdem wird beschrieben, dass das Austrittsrohr nach hinten zugespitzt ist, wodurch der Antrieb vergrößert werden soll. Diese Ausgestaltung widerspricht der sich durchgesetzten Form von Ausgangsdüsen, die nach hinten eine zunehmende Verbreiterung des Durchmessers aufweisen. Derartige Düsen, die sich bewährt haben, werden als Lavaldüsen bezeichnet.

Die Abb. 5.6 zeigt die fallschirmartige Ausbildung des Luftschiffs mit einem Steuerruder d, das durch die Zugschnur e von der Gondel f aus gesteuert wird. Das Luftschiff umfasst außerdem ein Rohr g, in dem ein Schaufelrad h angeordnet ist. Je nach Drehrichtung des Schaufelrads h wird Luft von oben nach unten oder von unten nach oben befördert, wodurch ein Steigen oder Fallen des Luftschiffs erzeugt werden soll. Außerdem

[12] DPMA, https://depatisnet.dpma.de/DepatisNet/depatisnet?action=pdf&docid=DE000000134182A&xxxfull=1, abgerufen am 16.4.2025.

besitzt das Luftschiff horizontal verlaufende Rohre i und k, in denen Schaufelräder m und n angeordnet sind, die Luft von vorne einsaugen und nach hinten abstoßen, wodurch ein Antrieb realisiert wird.

5.7 Raketenapparat mit Fallschirm

Das Patent DE 301270 beschreibt ein Fluggerät mit einer Rakete und einem Fallschirm, mit der Lichtsignale in großer Höhe erzeugt werden, beispielsweise um eine Rettungsmannschaft auf sich aufmerksam zu machen. Insbesondere ist die Vorrichtung in der Lage, nach Erreichen einer gewünschten Höhe, die ausgebrannte Treibstoffstufe wegzuschleudern, sodass sich der Fallschirm ungestört entfalten kann. Hierdurch kann über eine lange Zeit des Herabschwebens des Fallschirms das Notsignal gesendet werden.

Der Hauptanspruch des Patents lautet:

> *„Raketenapparatmit Fallschirm, dadurch gekennzeichnet, daß die den Apparat in die Höhe treibende Rakete (k) in nach der Seite offenen Schlitzen (l, m) des Apparates gelagert ist, aus denen sie nach Erreichung einer bestimmten Höhe durch gesperrtgehaltene Hebel (n) in Verbindung mit Federn (4, 6) herausgeworfen wird.“*[13]

Der Anspruch beschreibt, dass die ausgebrannte Rakete abgeworfen wird, sobald die angestrebte Höhe erreicht ist.

Die Abb. 5.7 zeigt die Vorrichtung, wobei eine Feder 6 die Rakete k abstößt, sobald die Rakete bis zu ihrem Ende abgebrannt ist und hierbei einen Hebel abgebrannt hat, der bis zu diesem Zeitpunkt die Feder 6 gespannt hielt. Durch das Abbrennen des Hebels wird die Feder 6 freigegeben und die Rakete abgestoßen. Danach kann sich der Fallschirm entfalten.

5.8 Gasrakete mit flüssigen Betriebsstoffen

Das Patent DE 484064, das am 24. November 1926 erteilt wurde, offenbart eine Rakete mit flüssigem Betriebsstoff, der durch eine Pumpe in den Verbrennungsraum befördert wird.

Der Hauptanspruch des Patents lautet:

[13] DPMA, https://depatisnet.dpma.de/DepatisNet/depatisnet?action=pdf&docid=DE000000301270A&xxxfull=1, abgerufen am 25.4.2025.

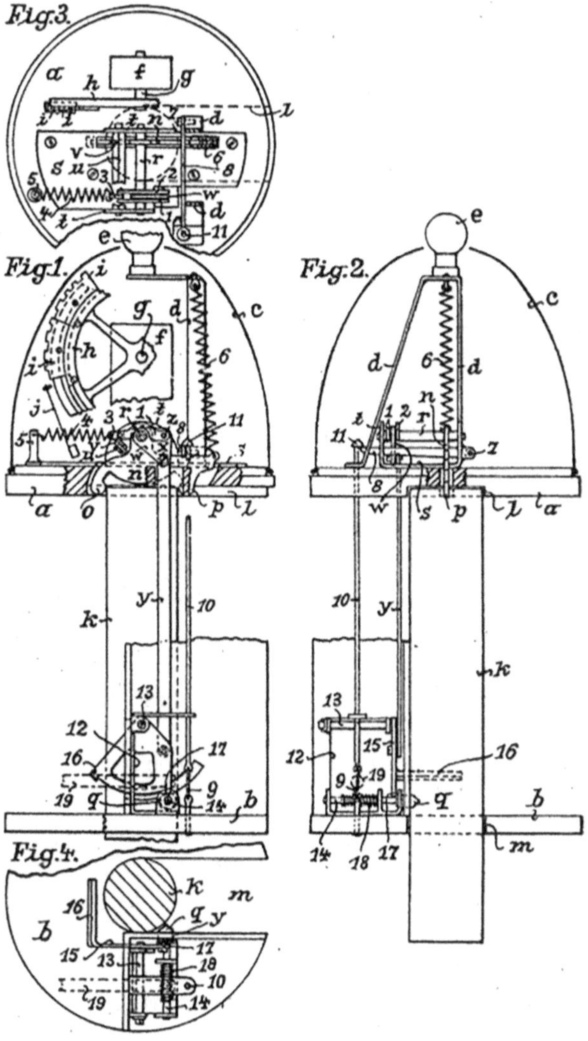

Abb. 5.7 Fig. 1 bis 3 der DE 301270[14]

„Mit flüssigen oder verflüssigten Betriebsstoffen betriebene Gasrakete, dadurch gekennzeichnet, daß die Räume hinter den die Betriebsstoffe aus ihren Behältern in den Verbrennungsraum fördernden Organen zwecks Druckausgleiches mit dem Verbrennungsraum verbunden sind.“[15]

Die Abb. 5.8 zeigt die erfindungsgemäße Rakete mit den Betriebsstoffbehältern 2 und 2´, deren Betriebsstoff in den Verbrennungsraum 3 gepumpt wird, um durch die Verbrennung

[14] DPMA, https://depatisnet.dpma.de/DepatisNet/depatisnet?action=pdf&docid=DE000000301270A&xxxfull=1, abgerufen am 16.4.2025.

[15] DPMA, https://depatisnet.dpma.de/DepatisNet/depatisnet?action=pdf&docid=DE000000484064A&xxxfull=1, abgerufen am 12.10.2025.

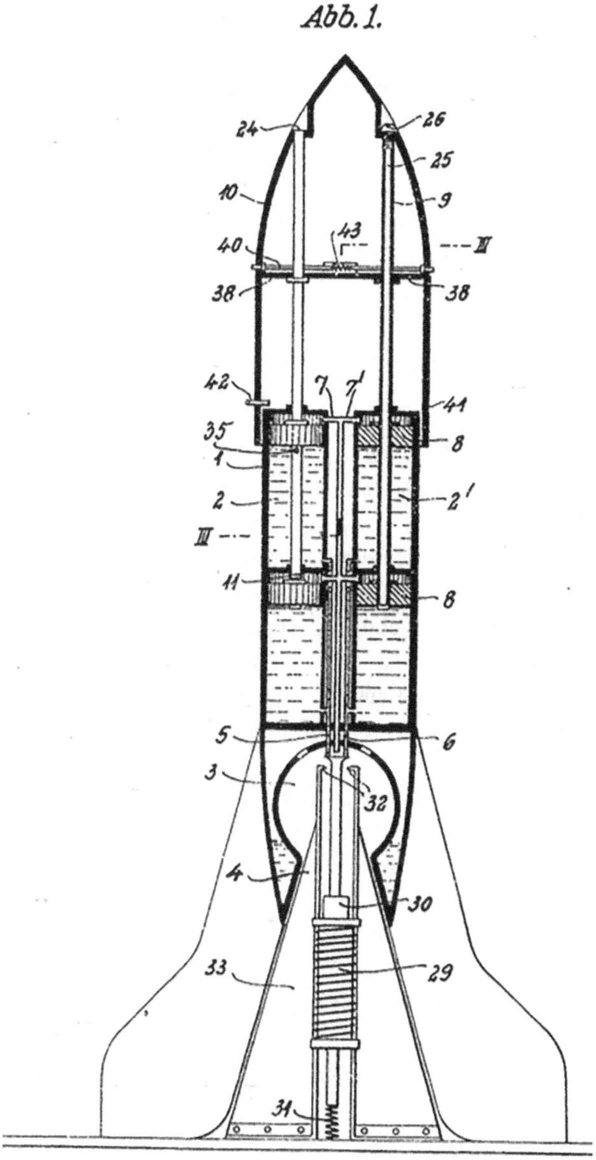

Abb. 5.8 Abb. 1 der DE484064[16]

einen Impuls nach oben zu erhalten. Die Startvorrichtung 33 weist einen Elektromagneten 29 auf, der einen Verschluss 30 nach unten zieht und damit die Betriebsstoffleitungen 5 und 6 öffnet, wodurch die Rakete gezündet wird.

[16] DPMA, https://depatisnet.dpma.de/DepatisNet/depatisnet?action=pdf&docid=DE000000484064A&xxxfull=1, abgerufen am 16.4.2025.

5.9 Feststoffraketen

Robert Hutchings Goddard, geboren am 5. Oktober 1882 und gestorben am 10. August 1945, war ein bedeutender Raketenpionier. Goddard war überzeugt, dass die Eroberung des Weltalls nur durch Feststoffraketen gelingen wird.

Rakete mit Treibstoffpatronen.

Das Patent US 1103503, das am 14. Juli 1914 erteilt wurde, beschreibt eine Rakete, die Patronen mit festem Treibstoff enthält. Die Patronen können nacheinander derartig in Position gebracht werden, dass sie zum Antrieb verwendet werden können.

Der Hauptanspruch des Patents lautet:

> *„A rocket apparatus having, in combination, a. combustion chamber, a casing containing a supply of combustible material., and means for successively feeding portions of said material to said combustion chamber."*[17]

Der Anspruch beschreibt, dass die Rakete einen Vorrat an einzelnen Treibstoff-Portionen aufweist, die einzeln und bedarfsweise der Verbrennungskammer zugeführt werden.

Die Abb. 5.9 zeigt die erfindungsgemäße Rakete mit der Verbrennungskammer 30, die am unteren Ende ein konisch ausgeformtes Rohr 31 aufweist, aus dem die Verbrennungsprodukte geschleudert werden. Der Verbrennungskammer 30 können von oben durch einen Mechanismus Patronen zugeführt werden, die Treibstoff enthalten.

Rakete mit einem Magazin an Treibstoffpatronen

Das Patent US 1341053 A, das am 25. Mai 1920 erteilt wurde, beschreibt ein Magazin einer Rakete, die die Verbrennungskammer sukzessiv mit einzelnen Treibstoffpatronen belädt. Die Erfindung zeichnet sich insbesondere durch einen Mechanismus aus, der schnell eine verbrauchte Patrone aus der Verbrennungskammer entfernen und eine neue einsetzen kann.

Der Hauptanspruch des Patents lautet:

> *„A magazine rocket comprising a combustion chamber and a breech block, said chamber and block being relatively movable, a plurality of cartridge containers, and means to transfer cartridges alternately, from diametrically opposed containers to said combustion chamber."*[18]

Der Anspruch beschreibt das Magazin mit den Treibstoffpatronen, die der Verbrennungskammer zugeführt werden.

[17] DPMA, https://depatisnet.dpma.de/DepatisNet/depatisnet?action=pdf&docid=US000001103503A&xxxfull=1, abgerufen am 26.4.2025.

[18] DPMA, https://depatisnet.dpma.de/DepatisNet/depatisnet?action=pdf&docid=US000001341053A&xxxfull=1, abgerufen am 26.4.2025.

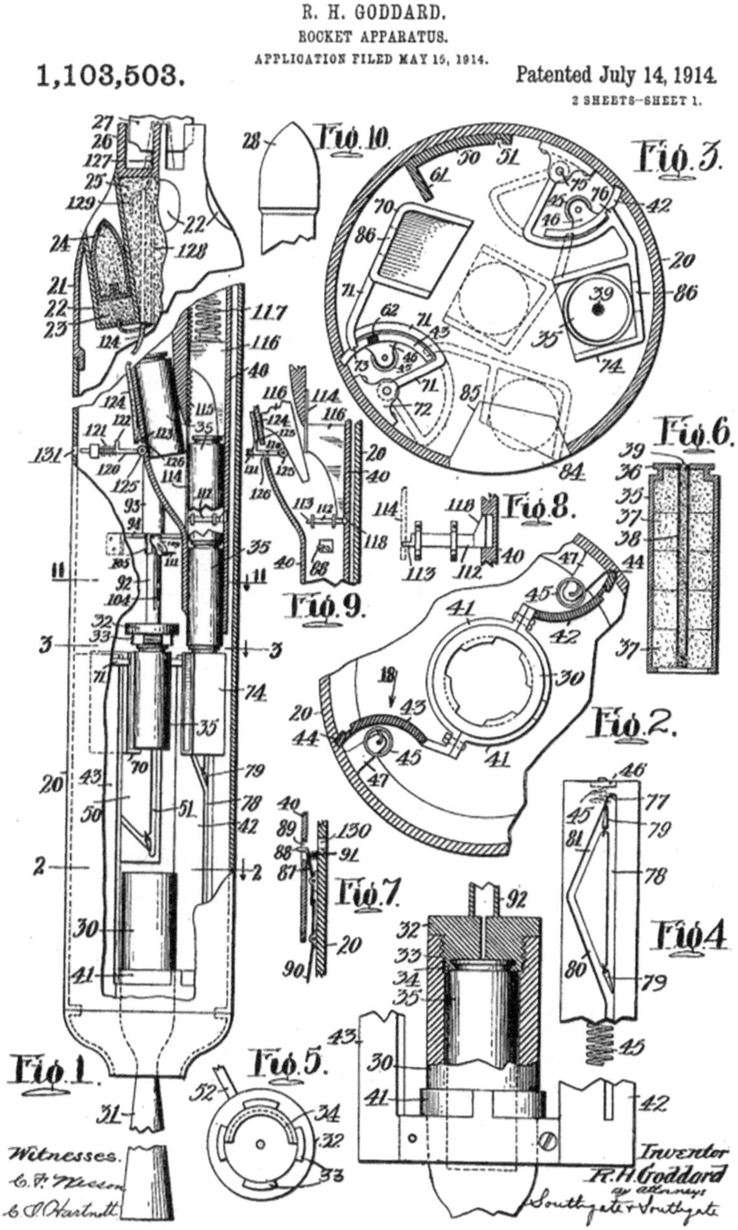

Abb. 5.9 Fig. 1 bis 10 der US1103503[19]

[19] DPMA, https://depatisnet.dpma.de/DepatisNet/depatisnet?action=pdf&docid=US000001103503A&xxxfull=1, abgerufen am 18.4.2025.

Die Abb. 5.10 zeigt die Brennkammer 31 und einen Greifer 16, der Patronen in die Verbrennungskammer einführt und wieder entnimmt, wobei ein zylinderförmiges Magazin vorhanden ist, das einzelne Patronen enthält und das jeweils um einen Schritt weitergetaktet wird, wenn eine neue Patrone benötigt wird.

5.10 Flüssigtreibstoffrakete

Hermann Oberth erkannte die Überlegenheit von Raketen mit Flüssigsauerstoff (LOX) gegenüber Raketen, die mit Feststofftreibmitteln angetrieben werden. Flüssigtreibstoff ermöglicht deutlich größere Schubkräfte.

Hermann Julius Oberth, geboren am 25. Juni 1894 und gestorben am 28 Dezember 1989, war ein Physiker, der als ein Begründer der wissenschaftlichen Erforschung des Weltraums gilt.[20]

Sein Patent DE 570511 A, das am 7. März 1929 erteilt wurde, trägt den Titel „Vorrichtung zum Antrieb von Fahrzeugen durch den Rückstoß ausströmender Verbrennungsgase“[21]. In diesem Patent wird eine Rakete mit gesteigerter Leistungsfähigkeit und Betriebssicherheit beschrieben, die durch die Verbrennung von flüssigen Brennstoffen mit Sauerstoff ihren Antrieb erhält.

Der Hauptanspruch des Patents lautet:

> *„Vorrichtung zum Antrieb von Fahrzeugen durch den Rückstoß ausströmender Verbrennungsgase, dadurch gekennzeichnet, daß der der Ausstoßöffnungvorgelagerte Verbrennungsraum eine bauchige Erweiterung bildet.“*[22]

In dem Anspruch wird beschrieben, dass sich die Austrittsöffnung vorteilhafterweise erweitert, um den Rückstoßeffekt voll nutzen zu können, was der Ausformung einer modernen Lavaldüse entspricht.

Die Abb. 5.11 zeigt die erfindungsgemäße Rakete mit der bauchigen Austrittserweiterung der Düse g. Die Rakete weist Abteilungen c1, c2, c3, c4, c5 und c6 auf, die abwechselnd Behälter für flüssigen Brennstoff und Sauerstoff enthalten. Die Einspritzung und Verbrennung des Sauerstoff/Brennstoffgemisches erfolgt in den Kanälen d. Die Verbrennungsprodukte werden entlang den Kanälen nach außen geführt, wodurch sich der Antrieb nach oben ergibt. Die Kanäle weisen die Ausformung einer Lavaldüse auf, die sich als die geeignete Düsenform für Raketen herausgestellt hat.

[20] Wikipedia, https://de.wikipedia.org/wiki/Hermann_Oberth, abgerufen am 26.4.2025.

[21] DPMA, https://depatisnet.dpma.de/DepatisNet/depatisnet?action=pdf&docid=DE000000570511A&xxxfull=1, abgerufen am 26.4.2025.

[22] DPMA, https://depatisnet.dpma.de/DepatisNet/depatisnet?action=pdf&docid=DE000000570511A&xxxfull=1, abgerufen am 26.4.2025.

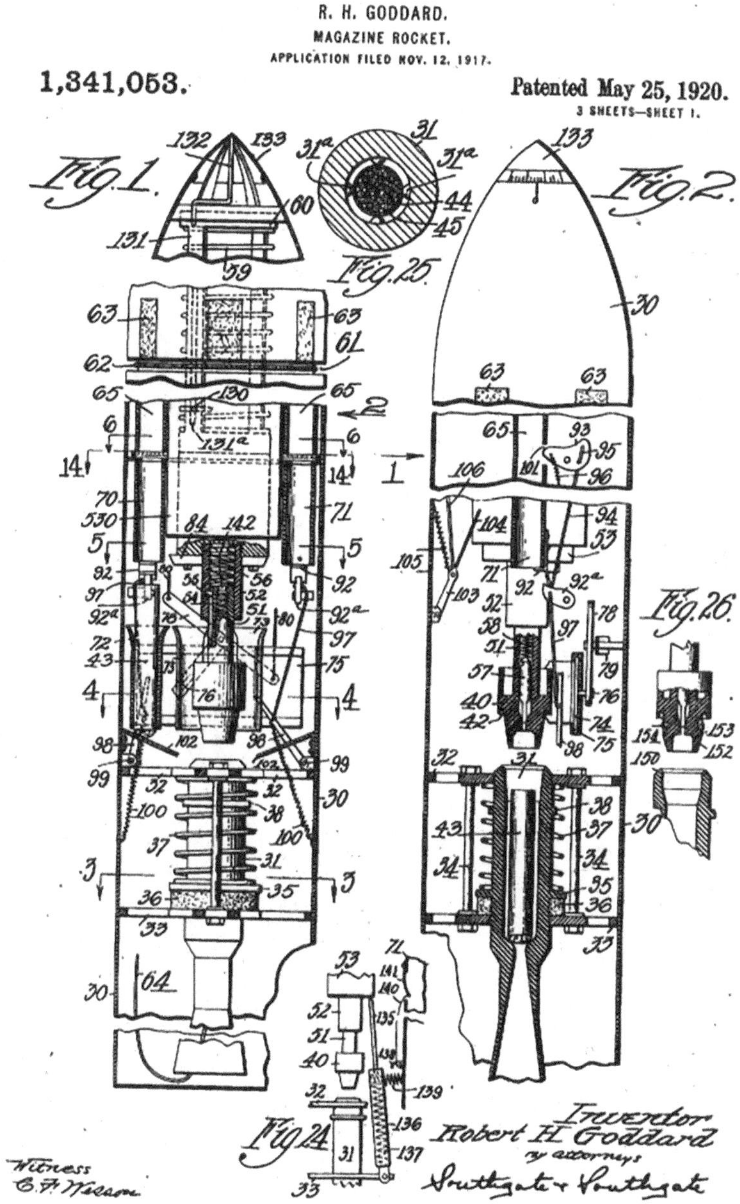

Abb. 5.10 Fig. 1, 2, 24, 25 und 26 der US1341053[23]

---

[23] DPMA, https://depatisnet.dpma.de/DepatisNet/depatisnet?action=pdf&docid=US000001341053A&xxxfull=1, abgerufen am 18.4.2025.

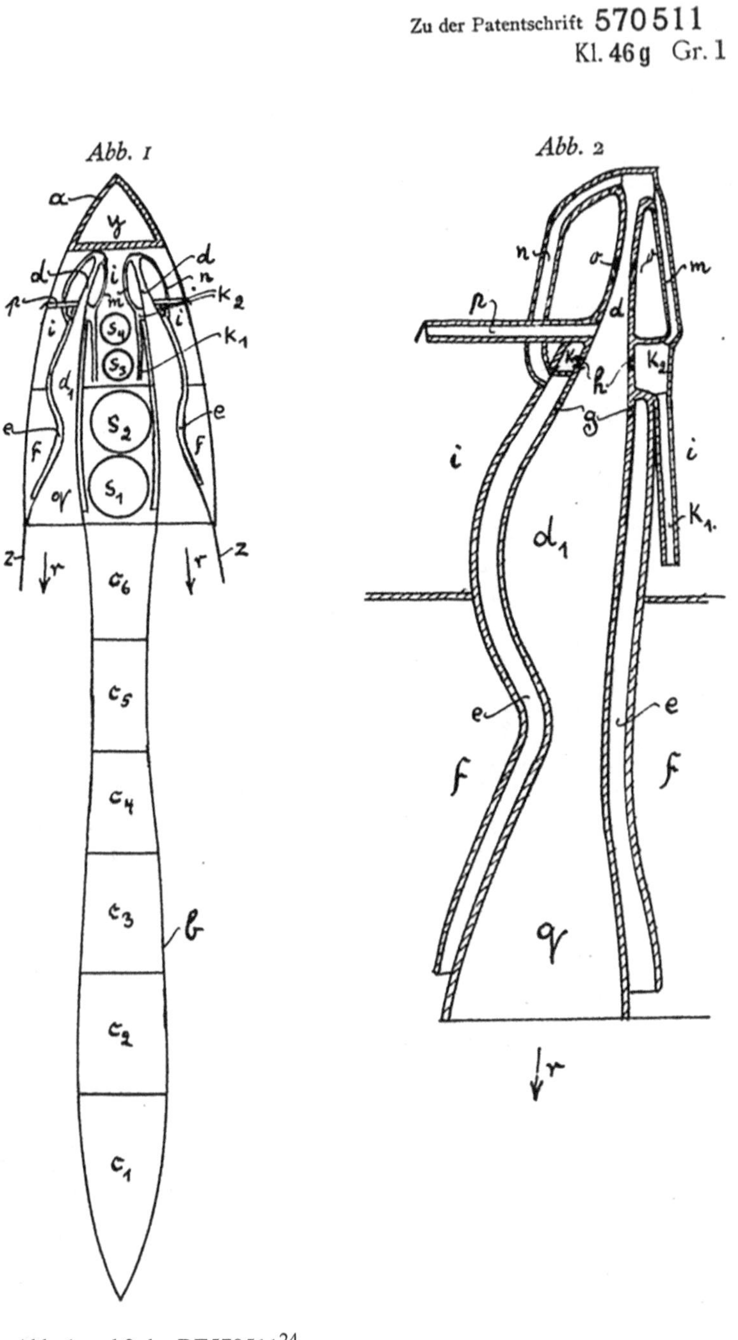

Abb. 5.11 Abb. 1 und 2 der DE570511[24]

---

[24] DPMA, https://depatisnet.dpma.de/DepatisNet/depatisnet?action=pdf&docid=DE000000570511A&xxxfull=1, abgerufen am 18.4.2025.

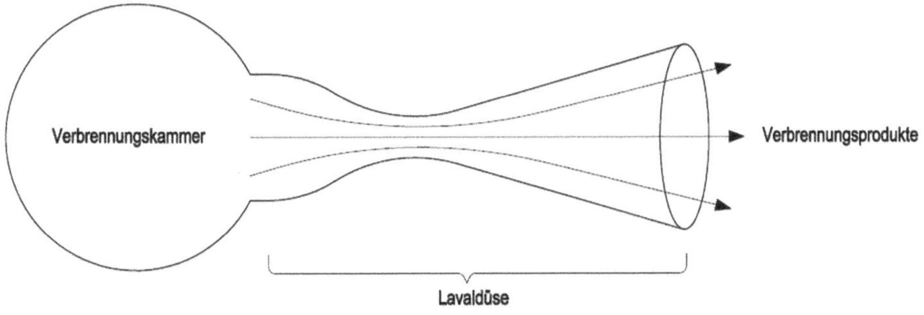

Abb. 5.12 Lavaldüse

Die Abb. 5.12 zeigt die typische Form einer Lavaldüse mit der bauchigen Austrittsöffnung und der Einschnürung im vorderen Drittel.

5.11 Starthilfe für Flugzeuge

Das Patent DE 1082131, das am 12. Januar 1957 beim Patentamt eingereicht wurde, beschreibt eine Starthilfe für Flugzeuge, sodass auf lange Startbahnen verzichtet werden kann.

Der Erfinder der DE 1082131 ist Eugen Sänger, geboren am 22. September 1905 und gestorben am 10. Februar 1964, der ein bedeutender Pionier der Luft- und Raumfahrttechnik war.[25]

Der Hauptanspruch des Patents lautet:

> *„Starthilfe für Flugzeuge oder Flugkörper, vorzugsweise für solche mit hoher Abhebegeschwindigkeit, unter Verwendung eines vom Flugzeug oder Flugkörper getrennten bzw. trennbaren, mittels Raketen sowohl vortreibbaren als auch abbremsbaren Fahrwerkes, dadurch gekennzeichnet, daß sowohl zum Vortrieb als auch zum Abbremsen Heißwasserraketen mit entgegengesetzt gerichteten Dampfstrahldüsen verwendet werden.“*[26]

Der Anspruch beschreibt das Beschleunigen eines Flugzeugs durch ein Gefährt, das mit einer Rakete mittels heißem Wasser angetrieben wird. Hierdurch wird eine nur kurze Start- und Landebahn benötigt, um einen ausreichenden dynamischen Auftrieb zum Aufsteigen des Flugzeugs zu erreichen.

Die Abb. 5.13 zeigt das Fahrzeug zum Beschleunigen eines Flugzeugs mit einem Heißwasserkessel 11, der mit einem wärmeisolierenden Material 12 ummantelt ist. Aus dem

---

[25] Wikipedia, https://de.wikipedia.org/wiki/Eugen_Sänger, abgerufen am 24.4.2025.

[26] DPMA, https://depatisnet.dpma.de/DepatisNet/depatisnet?action=pdf&docid=DE000001082131A&xxxfull=1, abgerufen am 24.4.2025.

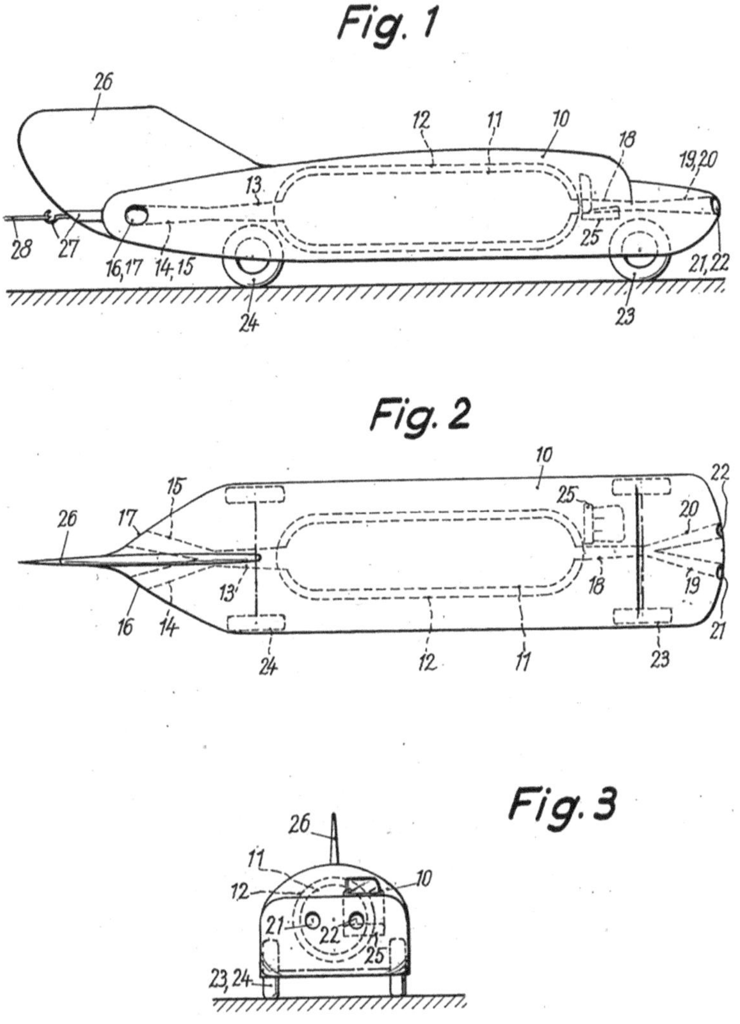

Abb. 5.13 Fig. 1 bis 3 der DE1082131[27]

Heißwasserkessel 11 führt eine nach hinten gerichtete Düse 13, die sich vor dem Ausgang 14 und 15 gabelt, um für Richtungsstabilität zu sorgen.

[27] DPMA, https://depatisnet.dpma.de/DepatisNet/depatisnet?action=pdf&docid=DE000001082131A&xxxfull=1, abgerufen am 17.4.2025.

5.12 Dampfbetriebene Rakete

Das Patent US 3029704, das am 17. April 1962 erteilt wurde, beschreibt eine Rakete, die durch Dampfkraft angetrieben wird.

Der Hauptanspruch lautet:

„The combination of a steam powered rocket and a launching device therefor- said rocket comprising a body portion adapted to receive and contain a quantity Of water, and an outlet nozzle at the lower end of said body portion communicating with the water in said body portion; said launching device adapted to receive said body portion and outlet nozzle of said rocket and comprising a generally cylindrical casing, gas outlets disposed at the upper end of said casing, a plate supported in spaced relationship below the lower end of said casing and containing sealing means for said outlet nozzle, heating means disposed at the lower end of said casing, and release means carried by said plate adapted to constrain the rocket in said casing while said outlet nozzle is in register with said sealing means; the inner wall of said casing and the outer wall of said body portion of said rocket defining an annular duct whereby heated gases producible by said heating means pass upwardly through said duct to said gas outlets and thereby heat water contained in said body portion of said rocket."[28]

Der Anspruch beschreibt eine dampfbetriebene Rakete, die einen Dampfkessel aufweist, der eine Wassermenge enthält, wobei das Wasser durch Heizmittel zur Verdampfung gebracht wird. Der heiße Dampf wird durch eine Auslaufdüse nach unten geführt und führt damit zum Antrieb.

Die Abb. 5.14 zeigt eine erfindungsgemäße Rakete mit einer Abschussvorrichtung.

Die Abb. 5.15 zeigt in der Fig. 5 die Heizmittel zur Erzeugung von Flammen, die das Wasser im Dampfkessel erhitzen.

5.13 Weltraumkugelschreiber

Der Kugelschreiber Fisher AG-7[29] (AG steht für Anti-Gravity) ist in dem Patent US 3285228 A beschrieben, das am 15. November 1966 erteilt wurde. Das Patent offenbart einen Kugelschreiber mit einem Druckluftbehälter, wobei mit der Druckluft die Tinte zur Spitze befördert wird. Ein konstanter Tintenfluss ist daher auch dann sichergestellt, wenn sich der Kugelschreiber nicht in einem Schwerefeld mit ausreichender Schwerkraft befindet.

Der Hauptanspruch des Patents lautet:

„A ball pointed pen comprising: a barrel housing, a plunger operating within said barrel, an ink cartridge containing an ink supply, said cartridge being slidably positioned within said

---

[28] DPMA, https://depatisnet.dpma.de/DepatisNet/depatisnet?action=pdf&docid=US000003029704A&xxxfull=1, abgerufen am 24.4.2025.

[29] Wikipedia, https://de.wikipedia.org/wiki/Space_Pen, abgerufen am 5.5.2025.

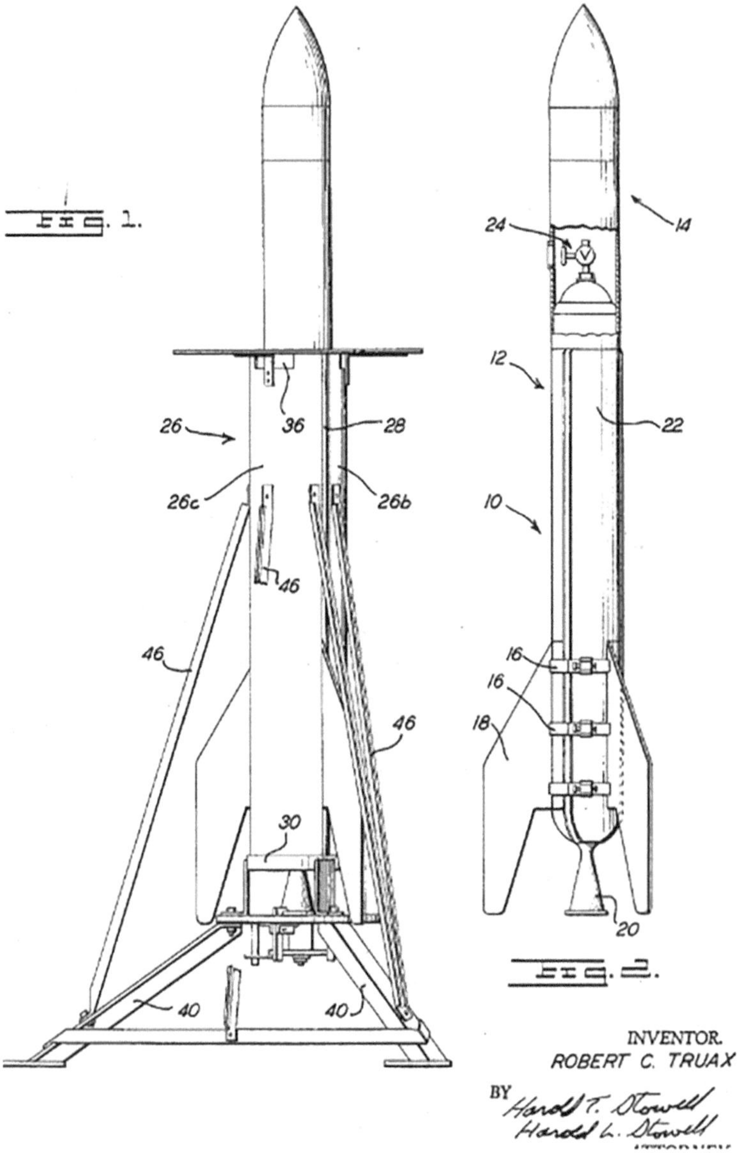

Abb. 5.14 Fig. 1 und 2 der US3029704A[30]

[30] DPMA, https://depatisnet.dpma.de/DepatisNet/depatisnet?action=pdf&docid=US000003029704A&xxxfull=1, abgerufen am 17.4.2025.

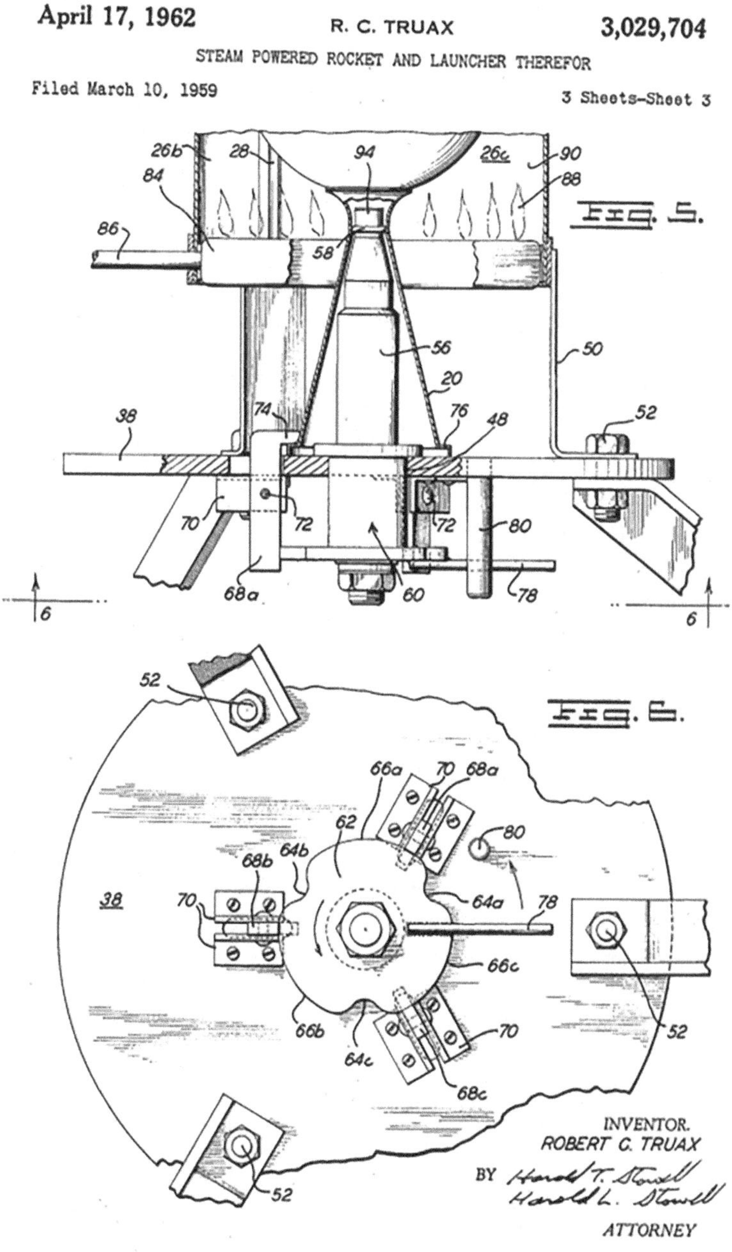

Abb. 5.15 Fig. 5 und 6 der US3029704A[31]

---

[31] DPMA, https://depatisnet.dpma.de/DepatisNet/depatisnet?action=pdf&docid=US000003029704A&xxxfull=1, abgerufen am 23.4.2025.

barrel, and having an open end, ù rotating ball and a socket retaining said ball point being positioned at the other end of said cartridge, a passageway communicating the seat and ball with the interior of said cartridge, a piston operable by said plunger for sliding movement within said barrel, said piston having an annular groove open in cross section on the side facing the barrel and substantially closed on the other sides, a first annular sealing ring positioned within said groove, said piston having abutting means for contacting the upper end of said cartridge for effecting downward movement of said cartridge and said ball point into writing position, air passage means positioned between said piston and said cartridge for conducting air into and out of said cartridge, second annular sealing ring in sliding contact with said cartridge, stationary enclosure for said second sealing ring forming the bottom of said chamber, said enclosure being open in cross section on a side facing said cartridge, an enclosed airtight chamber formed between said sealing rings, said compartment being in communication with the interior of said cartridge through said air passage means, an air vent in said barrel, said air vent providing communication between the atmosphere and said chamber when said piston is positioned above said air vent, whereby when said piston is moved downwardly said air vent is closed to pressurize said chamber and said ink cartridge and at the same time said ball point is moved into writing position. “[32]

Der Anspruch beschreibt, dass die Tinte unter Druck gesetzt wird, um ein Schreiben in Schwerelosigkeit zu ermöglichen. Außerdem geht der Anspruch detailliert auf die Dichtungen ein, die verhindern, dass die Druckluft zu einem unkontrollierten Austritt der Tinte aus dem Kugelschreiber führt.

Die Abb. 5.16 zeigt den erfindungsgemäßen Kugelschreiber.

5.14 Energieübertragung aus dem Weltraum

Das Patent US 3781647, das am 25. Dezember 1973 erteilt wurde, beschreibt ein Verfahren zum Kumulieren von Energie aus dem Weltraum und Umlenken dieser Energie zur Erde. Insbesondere Energie in Form von Mikrowellen von der Sonne soll mit Parabolantennen gebündelt werden. Die gebündelte Sonnenenergie wird mit Sendeantennen zur Erde geschickt. Empfangsantennen auf der Erde nehmen die Weltraumenergie auf und ermöglichen ihre irdische Verwendung.

Der Hauptanspruch des Patents lautet:

„*An apparatus for converting solar radiation energy to electrical power, comprising in combination*

a. a satellite system comprising at least one geostationary satellite positioned such that said satellite is in energy-receiving relationship to the sun;

b. solar energy collector/converter means associated with each of said satellites adapted to collect and convert radiation received from the sun to d.c. electrical energy;

[32] DPMA, https://depatisnet.dpma.de/DepatisNet/depatisnet?action=pdf&docid=US000003285228A&xxxfull=1, abgerufen am 22.4.2025.

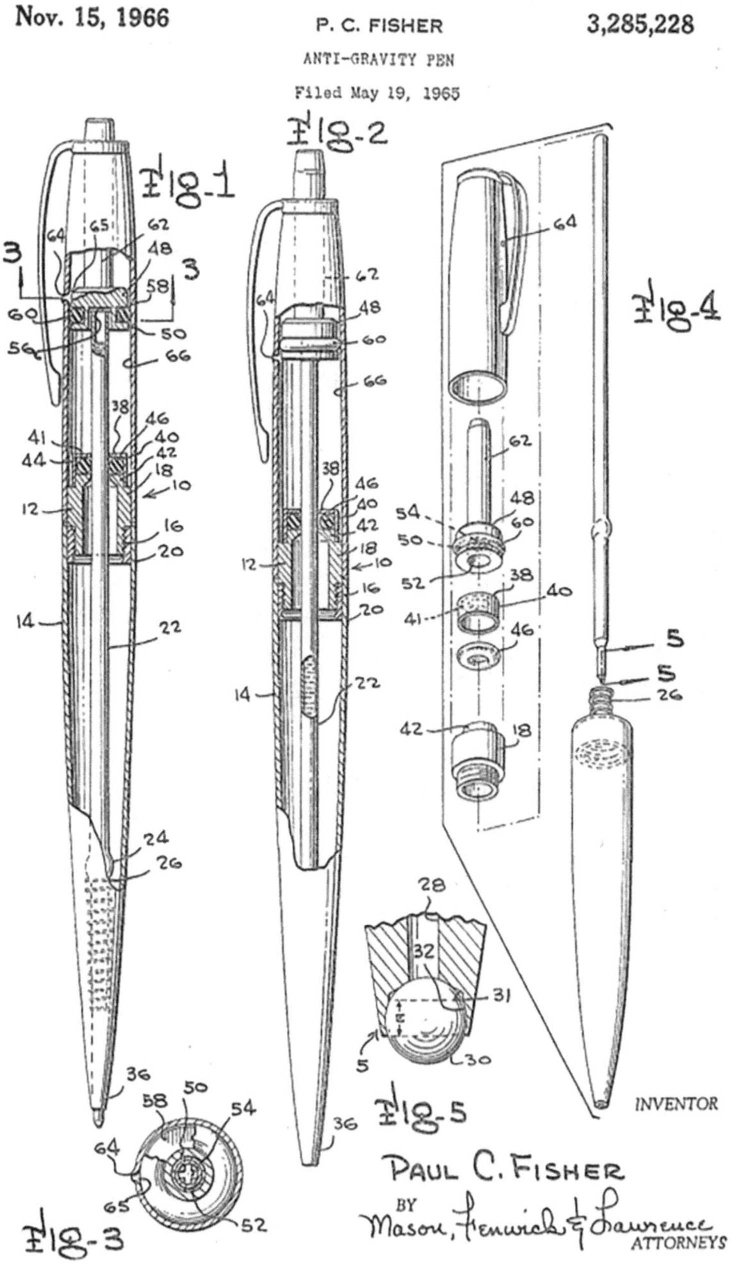

Abb. 5.16 Fig. 1 bis 5 der US3285228[33]

[33] DPMA, https://depatisnet.dpma.de/DepatisNet/depatisnet?action=pdf&docid=US000003285228A&xxxfull=1, abgerufen am 22.4.2025.

c. solar energy collector/converter guidance and control means adapted to orient said solar energy collector/converter in a predetermined relationship with said sun;

d. dc-to-microwave energy converter means adapted to convert said d.c. electrical energy from said solar energy collector/converter to microwave energy;

e. articulated electric power transmission means connecting said solar energy collector/converter means with said dc-to-microwave energy converter means;

f. microwave beamforming and energy transmission means adapted to form said microwave energy into a beam of a predetermined configuration suitable for transmission from said satellite system and to transmit said beam from said satellite system;

g. microwave collection zone means on earth;

h. microwave beamforming and energy transmission guidance and control means adapted to direct said microwave beam to said collection zone means on earth; and

i. microwave collector/converter means located within said collection zone means and adapted to receive said microwave beam and to convert it to electric power."[34]

Der Anspruch beschreibt das erfindungsgemäße Verfahren.

Die Abb. 5.17 zeigt das erfinderische Prinzip, bei dem geostationäre Satelliten 10 und 11 Energie von der Sonne durch Elemente 15 empfangen und in übertragbare Mikrowellenenergie umwandeln. Die Mikrowellenenergie wird an die Erde gesendet, auf der Mikrowellenenergieempfänger die Energie empfangen und zur Verfügung stellen.

5.15 Wartung von Satelliten im Orbit

Das Patent EP 0741655 B2, dessen Prioritätsdokument am 14. November 1994 beim Patentamt eingereicht wurde, hat den Titel „Apparatus and methods for in-space satellite operations"[35]. Die Erfindung beschäftigt sich mit der Versorgung, der Wartung und der Reparatur von Satelliten, die sich bereits im Orbit befinden.

Der Hauptanspruch des Patents lautet:

„Verfahren zum Durchführen von Annäherungsoperationen im Weltraum um die Nutzungsdauer eines Zielsatelliten mitverbrauchtem Treibstoff zu verlängern ohne Auftank- oder Reparaturfunktionen im Weltraum auszuführen, umfassend die folgenden Schritte: Bedienen eines Ferncockpits, um ein Verlängerungsraumfahrzeug bei seiner Annäherung an einen umlaufenden Zielsatelliten fernzusteuern; mechanisches Verbinden des Verlängerungsraumfahrzeugs mit dem Zielsatelliten, Herstellen einer angedockten Kombination aus Satellit und

[34] DPMA, https://depatisnet.dpma.de/DepatisNet/depatisnet?action=pdf&docid=US000003781647A&xxxfull=1, abgerufen am 12.10.2025.

[35] DPMA, https://depatisnet.dpma.de/DepatisNet/depatisnet?action=pdf&docid=EP000000741655B2&xxxfull=1, abgerufen am 26.4.2025.

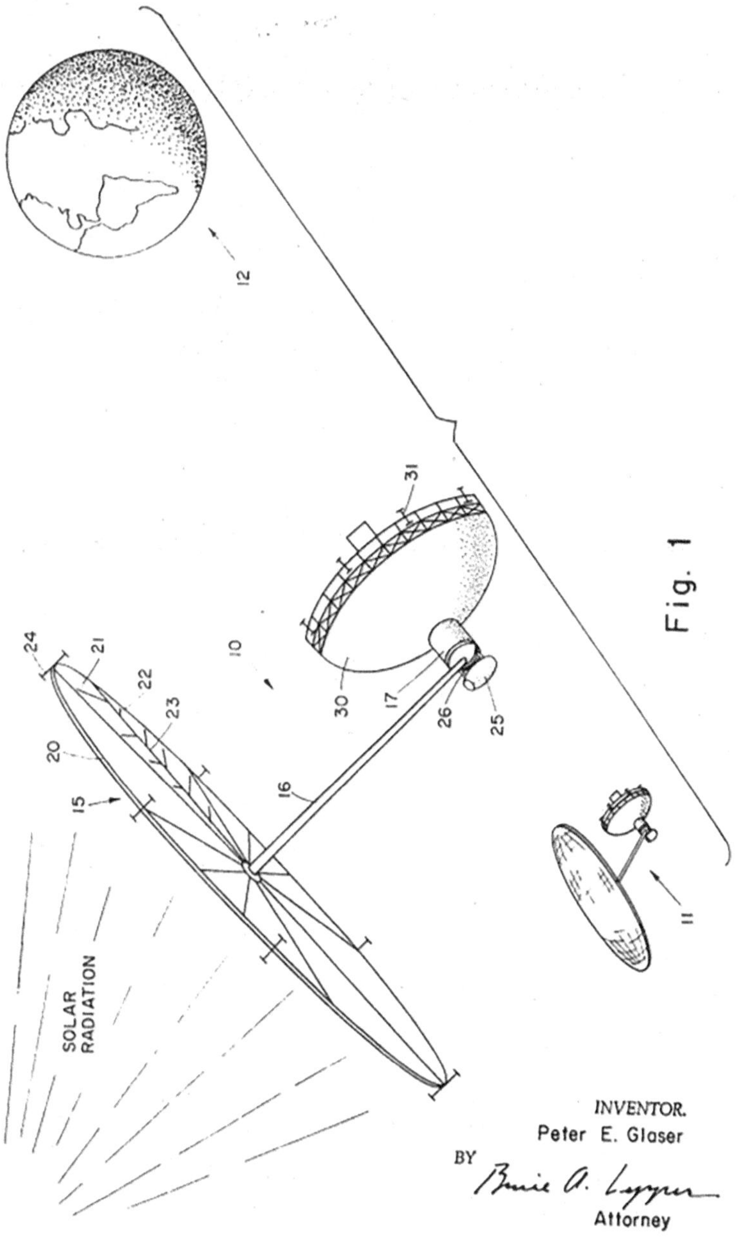

Abb. 5.17 Fig. 1 der US3781647[36]

[36] DPMA, https://depatisnet.dpma.de/DepatisNet/depatisnet?action=pdf&docid=US000003781647A&xxxfull=1, abgerufen am 17.4.2025.

Abb. 5.18 Fig. 1 der EP0741655B2[38]

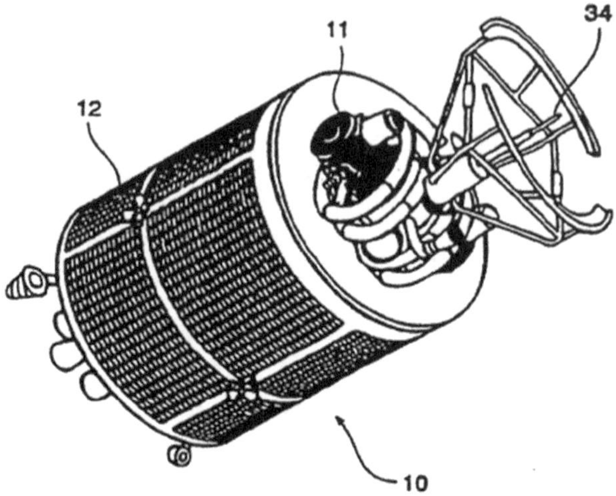

FIG. 1

Raumfahrzeug, wobei das Verlängerungsraumfahrzeug Folgendes umfasst: ein Satellitensubsystem zur Positionssteuerung; und Aktivieren des Satellitensubsystems um alle Lagestabilisierungsfunktionen der Kombination aus Zielsatellit und Raumfahrzeug ausführen und eine Positionssteuerung vorzunehmen, um die Lebensdauer des Zielsatelliten zu verlängern; das Verlängerungsraumfahrzeug für die verlängerte Lebensdauer des Zielsatelliten am Zielsatelliten angedockt bleibt."[37]

Der Anspruch beschreibt die Versorgung eines Satelliten mit Treibstoff, damit sich dieser weiterhin auf einem erdnahen Orbit halten kann. Außerdem wird in dem Anspruch erläutert, dass das Reparatur-Raumschiff an einen reparaturbedürftigen Satelliten andockt, um Wartungs- und Reparaturarbeiten durchzuführen.

Die Abb. 5.18 zeigt ein Raumschiff, das an einen Satelliten andocken kann, um Wartungs- und Reparaturtätigkeiten auszuführen. Das Raumschiff umfasst ein Kommandomodul 11 und ein Servicemodul 12. Das Servicemodul 12 weist Antriebs-, Energie- und Kommunikationsmittel auf, die dem Kommandomodul 11 zur Verfügung stehen.

Die Abb. 5.19 zeigt das Andocken des Raumschiffs an einen zu wartenden Satelliten.

Die Abb. 5.20 zeigt das Andockmanöver des Raumschiffs an den Satelliten.

---

[37] DPMA, https://depatisnet.dpma.de/DepatisNet/depatisnet?action=pdf&docid=EP000000741655B2&xxxfull=1, abgerufen am 26.4.2025.

[38] DPMA, https://depatisnet.dpma.de/DepatisNet/depatisnet?action=pdf&docid=EP000000741655B2&xxxfull=1, abgerufen am 18.4.2025.

Abb. 5.19 Fig. 4a und 4b der EP0741655B2[39]

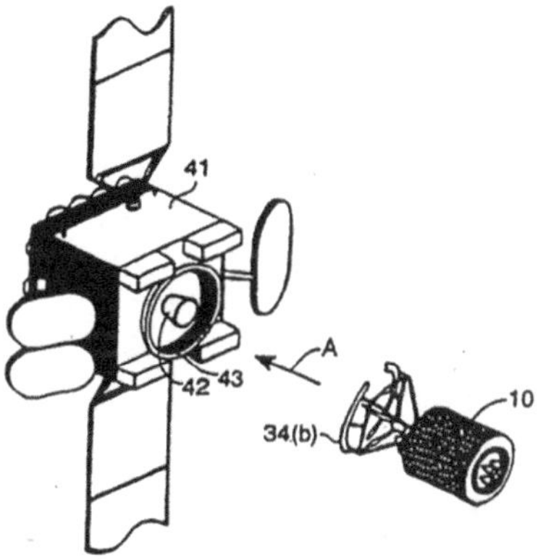

FIG. 4(a)

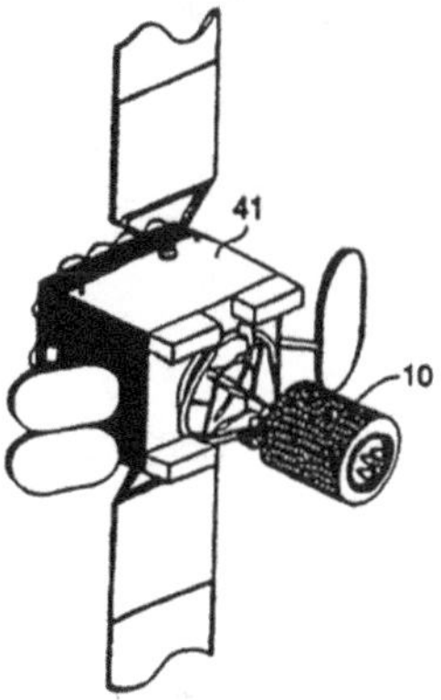

FIG. 4(b)

5.16 Einsammeln von Weltraumschrott

Das Patent DE 10 2008 005 600 B3, dessen Patentierung am 23. April 2009 veröffentlicht wurde, trägt den Titel „Sammelvorrichtung zum Einfangen von Müllobjekten im Weltraum“[40].

Der Hauptanspruch des Patents lautet:

„Sammelvorrichtung (1) zum Einfangen von Müllobjekten (16, 17, 18, 19) im Weltraum mit einer Antriebseinheit (2), einem daran befestigten Sammelbehälter (3), der an seiner

---

[39] DPMA, https://depatisnet.dpma.de/DepatisNet/depatisnet?action=pdf&docid=EP000000741655B2&xxxfull=1, abgerufen am 18.4.2025.

[40] DPMA, https://depatisnet.dpma.de/DepatisNet/depatisnet?action=pdf&docid=DE102008005600B3&xxxfull=1, abgerufen am 26.4.2025.

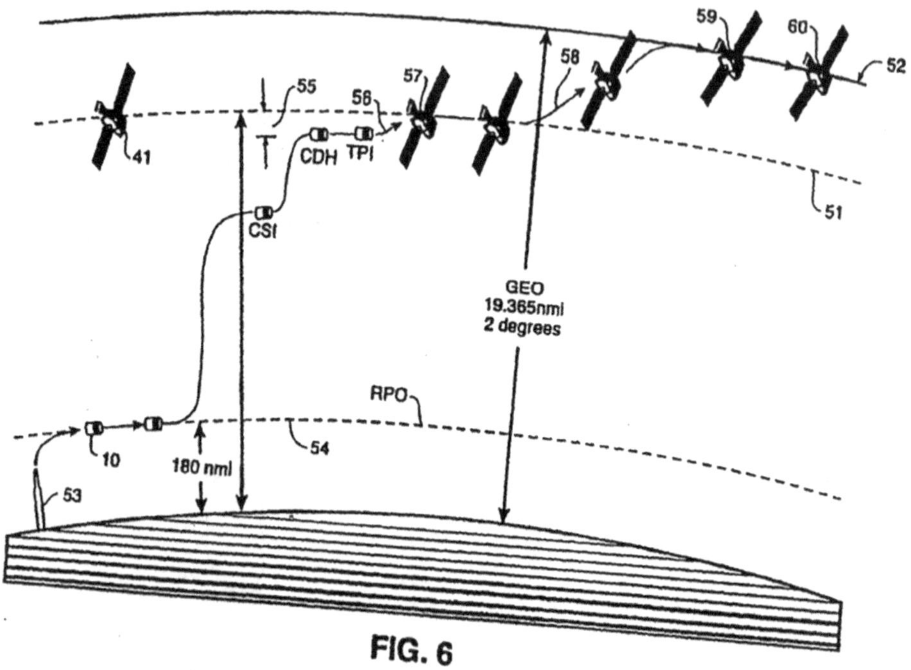

Abb. 5.20 Fig. 6 der EP0741655B2[41]

Vorderseite eine Einlassöffnung (4a) aufweist, und eine die Einlassöffnung (4a) umgebene Auffangplatte (6), dadurch gekennzeichnet, dass die Auffangplatte (6) eine vordere Wandung (8) und eine hintere Wandung (9) aufweist, wobei zwischen den Wandungen (8, 9)ein Hohlraum gebildet ist."[42]

Die Abb. 5.21 zeigt den Sammelbehälter 3, der den eingefangenen Weltraummüll aufnimmt. Das Einsammeln erfolgt mit einer Platte 6, die zwischen zwei Wänden 8 und 9 einen Hohlraum bildet. Trifft ein Müllobjekt mit hoher kinetischer Energie auf die Wand 8 wird es in Bruchstücke zerfallen, die teilweise entlang der Wand 8 zum Sammelbehälter abgeleitet werden. Weisen Bruchstücke des Müllobjekts eine so hohe Energie auf, dass sie sogar noch die Wand 9 durchstoßen, werden sie danach in noch kleinere Bruchstücke zerfallen und von einem Auffangbeutel 10 eingesammelt.

[41] DPMA, https://depatisnet.dpma.de/DepatisNet/depatisnet?action=pdf&docid=EP000000741655B2&xxxfull=1, abgerufen am 18.4.2025.

[42] DPMA, https://depatisnet.dpma.de/DepatisNet/depatisnet?action=pdf&docid=DE102008005600B3&xxxfull=1, abgerufen am 26.4.2025.

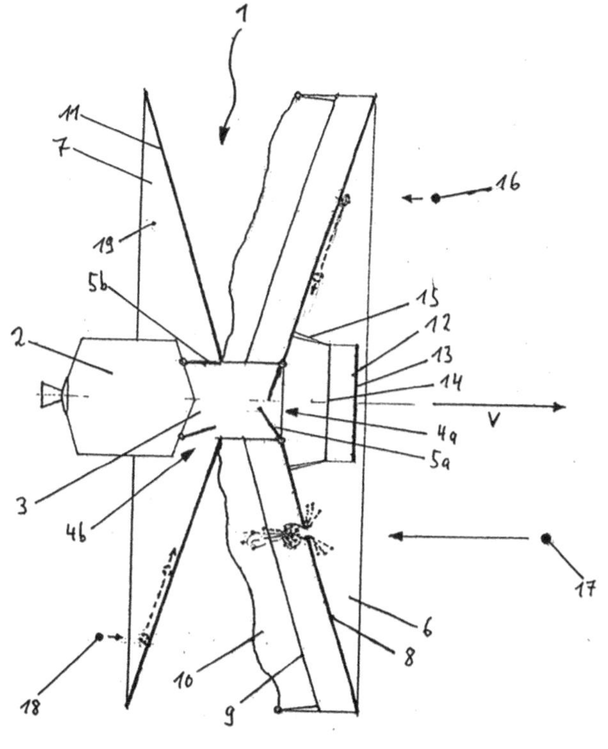

Abb. 5.21 Fig. 1 der DE102008005600B3[43]

[43] DPMA, https://depatisnet.dpma.de/DepatisNet/depatisnet?action=pdf&docid=DE102008005600B3&xxxfull=1, abgerufen am 18.4.2025.

Stichwortverzeichnis

T. H. Meitinger, *Pioniere der Tiefe. Hightech in Patenten*,
https://doi.org/10.1007/978-3-662-72152-0

U

V

W

Y

Z

FSC
www.fsc.org
MIX
Papier | Fördert gute Waldnutzung
FSC® C083411

Kolibri 360 GmbH
Ferdinand-Jühlke-Straße 7
99095 Erfurt, Deutschland
produktsicherheit@kolibri360.de